Tanja Behrendt

KEEP COOL, Frauchen

Wie du in allen Situationen mit deinem Hund **gelassen bleiben** kannst

INHALT

WIE DU DEINEN KÖRPER HILFREICH EINSETZEN KANNST 69

UNSER TRÄGER DER GELASSENHEIT 70

WIE DU EINE ZUVERSICHTLICHE SICHTWEISE ERHALTEN KANNST 97

ALLES EINE FRAGE DES FILTERNS 98

WIE DU SOUVERÄN HANDELN KANNST 119

HANDLUNGSFÄHIGKEIT SPÜREN 120

ZUM ABSCHLUSS 137

VORWORT

WILLKOMMEN AUF DEINEM WEG ZU MEHR GELASSENHEIT

Du hältst dieses Buch in Händen, da uns ein gemeinsamer Wunsch verbindet: Bei Herausforderungen mit unserem Hund gelassener zu bleiben. Dieses Anliegen kenne auch ich nur zur gut. Wir möchten für unseren Hund ein ausgeglichener Begleiter sein. Jemand, dem er sich vertrauensvoll zuwenden kann, wenn er in der Welt da draußen vor kleinen oder größeren Herausforderungen steht. Ich bin diesen Weg zu mehr Gelassenheit gegangen. Die innere Haltung ist für mich zum wertvollsten Gut im Hundetraining geworden und ist die Grundlage einer tiefen Beziehung zu unserem Hund. Es ist mir ein Herzensanliegen, dich auf deinem Weg zu mehr Gelassenheit mit deinem Hund zu begleiten. Aus bewährten und vielfältigen Ansätzen kannst du deinen individuellen Weg finden.

KLEINE ANLEITUNG ZUM GELINGEN

Für dieses Buch kannst du dir Zeit nehmen. Blättere darin herum, lies etwas mehrmals, lege es mal beiseite und gib Inhalten Zeit zu wirken. Sei neugierig, probiere aus, staune, setze Ausrufe- und Fragezeichen, unterstreiche, male Sonnenstrahlen, Smileys oder nach was dir ist, wenn Inhalte mit dir in Resonanz gehen. Manchmal ist es ein einzelner Satz, der dich weiterbringt. Mache dir das Buch so zu eigen, dass es für dich persönlich seinen größtmöglichen Nutzen entfalten kann. Es soll dir ein guter Begleiter auf deinem Weg sein.

Du erfährst zu allen Methoden wesentliche Hintergründe und wie du sie in der Praxis umsetzen kannst. Dir stehen sowohl „Quick Steps“ zum sofortigen Einsatz als auch tiefgründige Übungen zur Verfügung, die deine Gelassenheit nachhaltig etablieren werden. Wissenschaftliche Zusammenhänge vereinfache ich für den bestmöglichen pragmatischen Nutzen. Du wirst merken, dass nicht alles trennscharf voneinander abzugrenzen ist, dafür sind die Themen miteinander zu verwoben. Alles beginnt mit Wissen und gelingt mit Übung.

Wichtige Grundlagen erhältst du im ersten Kapitel. In den folgenden Kapiteln geht es um die Methoden. Die Reihenfolge, in der du liest, ist nicht entscheidend. Doch ich empfehle dir, dich am Ende mit allen Inhalten auseinanderzusetzen. Die Forschung zeigt, dass dein Weg umso erfolgreicher verläuft, je breiter dein Repertoire an Strategien ist, die du je nach Situation einsetzen kannst.

Zum Abschluss findest du für typische Herausforderungen mit deinem Hund beispielhafte Pfade. Sie dienen als Anregung für deinen eigenen Weg. Probiere dich aus und finde heraus, was am besten zu dir passt. Lass dich nicht davon entmutigen, dass so mancher Weg auch eine Sackgasse werden kann. Das gehört dazu.

Ich wünsche dir viele schöne Lesemomente sowie wertvolle Erkenntnisse für einen gelasseneren Alltag mit deinem Hund.

Tanja Behrendt

Wie du die Tür zur **GELASSENHEIT** öffnen kannst

DIE ZUSAMMENHÄNGE VERSTEHEN

Unser genetisches Erbe macht es uns nicht immer einfach, bei Herausforderungen gelassen zu bleiben. Aber es ist möglich, wenn man die Zusammenhänge durchschaut.

Vor Aufregung den Kopf verlieren, in Grübeleien versinken oder vor Scham samt Hund im Boden versinken wollen. Wer kennt das nicht in gewissen Situationen mit seinem vierbeinigen Begleiter? Es fühlt sich an, als ob wir ziemlich viele Knoten im Kopf haben, die vernünftiges Denken unmöglich machen. Ein Wirrwarr an Gedanken, Gefühlen und Erinnerungen. Wir alle haben dann wahrscheinlich schon den Ratschlag gehört, doch einfach mal gelassener zu bleiben. Zugegebenermaßen ist dies ein gutgemeinter Hinweis. Klar auf den Punkt gebracht und sehr hilfreich. Im Übrigen auch für das gesamte Leben, wie der wohlwollende Ratgeber in einem Atemzug anmerkt. Ohne Gelassenheit sei klar, diese Aussage wird gerne von einem mitleidigen Kopfschütteln begleitet, dass wir die Probleme mit dem Hund nie lösen würden. Zusätzlich ernten wir einen ungläubigen Blick, warum wir das Offensichtliche nicht hinbekommen. Und schon werden wir wieder ein bisschen kleiner, zumindest innerlich.

Leider fehlt bei guten Ratschlägen dieser Art immer ein wesentlicher Punkt. Wie kann es gelingen, gelassener zu bleiben? Wie kann man die gefühlten Verknotungen im Gehirn lösen, wenn man sich in seinem Wirrwarr im Kopf völlig gefangen fühlt und nur handlungsunfähig zuschauen kann, wie einem geschieht.

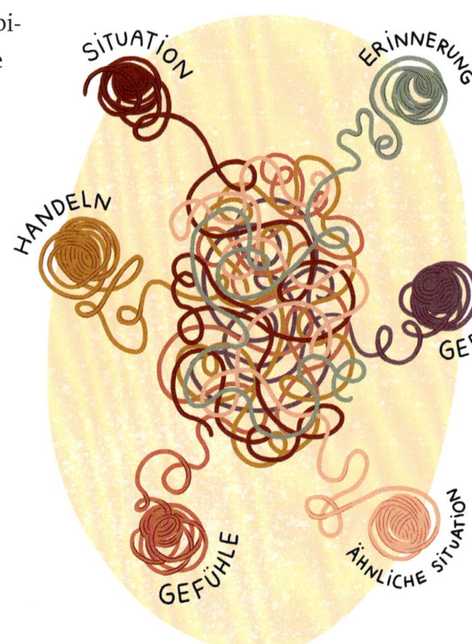

Knoten im Kopf

Wie schnell denken wir in solchen Situationen, dass wir es sind, die wohl irgendwie nicht richtig funktionieren. Was für ein Trugschluss! Wir funktionieren. Sehr gut sogar. Die Natur wäre stolz auf uns, denn die fehlende Gelassenheit bei Herausforderungen entspricht genau ihrer Planung. Es ist sehr hilfreich, diese Hintergründe zu verstehen. Erst dann sind wir in der Lage, mit unserer naturgegebenen Reaktion sehr viel wohlwollender umzugehen und diese nicht mehr als ein Scheitern zu begreifen. Wir werden erkennen, dass unser eigener Einfluss, Ordnung in das Gedankenwirrwarr zu bekommen, deutlich größer ist als wir denken.
Dieses Verständnis ist ein machtvoller Schlüssel, der uns die Tür zu mehr Gelassenheit im Umgang mit unseren Hunden aufschließt.

Fehlende Gelassenheit bei Herausforderungen liegt in unserer Natur!

SÄBELZAHNTIGER UND CO.

Unser biologisches Stresssystem bringt uns heute so häufig zur Verzweiflung und erweist sich als größter Gegenspieler der Gelassenheit. Ein guter Grund, uns das näher anzuschauen.
Unser Stresssystem hat sich im Laufe der Evolution entwickelt und in der gefahrenvollen Urzeit bewährt. Es hat uns im Umgang mit dem vielzitierten Säbelzahntiger und um genau zu sein auch mit anderen Tieren der Urzeit wie riesigen Hyänen, anderen Fleischfressern, Raubvögeln und giftige Reptilien geholfen. Unser Vorfahren haben nicht nur Jagd auf potenziell gefährliche Tiere gemacht. Mit vielen davon konkurrierten sie auch um Lebensraum und Beute, zu welcher sie auch nicht selten selbst wurden. Stressreaktionen bei Gefahr münden in Kampf, Flucht oder Totstellen. Das nordamerikanische Opossum hat die letztgenannte Möglichkeit übrigens perfektioniert. Begegnet ihm ein überlegener Fressfeind, so lässt es seinen Kiefer herabfallen, die Zunge heraushängen, fällt um wie ein abgesägter Baum und liegt totengleich da. Aber keine Sorge, du wirst in diesem Buch weitaus hilfreichere Reaktionen auf stressige Herausforderungen kennenlernen als diese.
Auch bei unseren Hunden finden wir die genannten Stressreaktionen, allerdings sind hier die englischen Ausdrücke geläufiger: Fight, Flight und Freeze.

DAS ERBE UNSERER VORFAHREN

Diesen Stress, den wir heute oft negativ wahrnehmen, war einst für die Entwicklung der Menschheit elementar. Diese uralten Reaktionen stellten einen bedeutsamen Überlebensvorteil dar und befähigten uns zu körperlichen Höchstleistungen. Die Gelassenen unter unseren Vorfahren, die in aller Ruhe die Schönheiten der Natur wahrnahmen und bei denen dieses Stresssystem nicht angesprungen ist, konnten kaum überleben. Sie wurden bei den entsprechenden Situationen ziemlich schnell aussortiert und konnten ihre entspannte genetische Veranlagung nicht weitergeben. Wir sind also die Nachfahren von Urmenschen, deren Stresssystem hervorragend funktioniert hat. Vor diesem Hintergrund sollten wir positiv wahrnehmen, dass wir trotz oder geraden wegen unserer fehlenden Gelassenheit in herausfordernden Situationen eigentlich ganz nach Plan funktionieren. Wir Hundehalter der Neuzeit sind mit einem Steinzeitgehirn ausgestattet, das für heutige Herausforderungen leider nicht immer hilfreich ist.

Stressreaktionen sicherten früher unser Überleben.

UNSERE STRESSREAKTIONEN

Es gibt jedoch zu den Herausforderungen unserer Vorfahren einen deutlichen Unterschied: In unserem Alltag geht es nicht mehr um Leben und Tod. Stressauslösend sind heutzutage Situationen, wenn unser Hund mal wieder ganz eigene Ideen entwickelt und uns damit auf die Palme oder zur Verzweiflung bringt. Sei es die explosive Hundebegegnung, die scheinbar plötzlich tauben Hundeohren oder je nach Charakter des menschlichen Gegenübers die beleidigenden oder mitleidigen Worte zu der scheinbar nicht ganz perfekten Erziehung unseres Hundes. Alle diese Belastungen werden ergänzt durch unzählige weitere Herausforderungen eines modernen Alltags. Also eher Dinge, die in unserem Inneren wirken. Unglücklicherweise springt auch durch diese inneren Belastungen unser Stresssystem an.

DIE DREI OPTIONEN

Nach den genetischen Vorgaben unser Vorfahren wird der Körper in Alarmbereitschaft versetzt und alles auf die Optionen Flucht, Kampf oder Totstellen vorbereitet. Die Ausprägungen hast du wahrscheinlich schon selbst erlebt.
Entscheidet sich unser Körper für Flucht, so nehmen wir bei uns schnelle und hektische Bewegungen wahr und möchten am liebsten die belastende Situation verlassen oder, auch beliebt in unangenehmen Situationen, uns gerne in Luft auflösen. Wählt unser Körper den Kampf, so sind wir bei Herausforderungen im

Angriffsmodus, was sich häufig in verbaler Form, in einer Drohmimik oder noch deutlicher in Drohgebärden ausdrückt. Scheinen Flucht und Kampf aussichtslos, so zeigt sich das Totstellen in Form eines gedanklichen „Blackouts". Vornehmlich in Turnier- oder Prüfungssituationen, aber auch in kritischen Momenten mit dem Hund, wenn man urplötzlich überhaupt nicht mehr weiß, welche Handlung nun eigentlich erforderlich ist.
Egal, welche dieser Möglichkeiten aktiviert wird, sie sind alle ziemlich weit entfernt von der Gelassenheit, die wir eigentlich erreichen wollen. Die zusätzlich zur Verfügung gestellte Energie wird für unsere Herausforderungen in der Regel gar nicht benötigt. Wir spüren das in unserem Inneren. Wir werden noch unruhiger, da die Energie sich ungenutzt im Körper aufstaut.

Auch heute noch sind alte Stressmuster in uns wirksam.

DER TROPFEN ZU VIEL

Hinzu kommt, dass unsere Vorfahren nach der Aktivierung ihres Stresssystems ausreichend Zeit hatten, sich in ihrer Höhle bei Beeren, Pilze, Wurzeln und Mammutspieß zu erholen. Davon unterscheidet sich unser Alltag deutlich. Die alltäglichen kleinen Stressoren reichen aus, das Stressniveau stets auf einem recht hohen Niveau zu halten. Unsere Mikrostressoren werden als „Daily Hassles" bezeichnet. Summieren wir diese, so wird klar, warum es kaum möglich ist, in den entsprechenden Situationen mit dem Hund noch gelassen zu bleiben. Wir sind durch unseren Alltag häufig bereits im Daueralarm. Jede zusätzliche Herausforderung, sei sie auch noch so klein, ist dann der berühmte Tropfen, der das Fass zum Überlaufen bringt.

VON ALARMANLAGEN UND HORMONEN

Wenn du nun an eine stressbelastete Situation mit deinem Hund denkst, so fallen dir wahrscheinlich sofort körperliche Reaktionen wie Herzklopfen und eine flache Atmung ein. Sie und viele weitere tauchen plötzlich in unserem Körper auf.
Wie ungebetene Gäste breiten sie sich in uns aus und es ist nicht möglich, ihnen den Zutritt zu verwehren. Doch diese so ungeliebten Körperreaktionen verdienen es durchaus, mit Wertschätzung empfangen zu werden. Immerhin war es seit jeher ihre Aufgabe, unser Leben zu sichern. Sie sind das Ergebnis von beeindruckenden Vorgängen in unserem Körper.

Typische Anzeichen für Stress

DIE SCHNELLSTRASSE ZUM STRESS

Unsere Augen nehmen wahr, dass uns auf dem Waldweg ein fremder Hundehalter entgegenkommt. Alles, was unsere Sinne mit Ausnahme von geruchlichen Eindrücken wahrnehmen, erreicht im Gehirn den sogenannten Thalamus, unser Tor zum Bewusstsein. Von dort wird der Reiz weitergeleitet. Würde nun allein unser präfrontaler Cortex (PFC) die eingehende Information verarbeiten, so wäre eine sachlich analytische Bewertung der Situation die Folge. Der PFC ist der Teil unserer Großhirnrinde, der zuständig ist für Planung, Situationsanalyse und abwägende Entscheidungsfindung. Bildlich können wir uns diesen Bereich als einen besonnenen Denker vorstellen. Ist diese Situation tatsächlich eine Gefahr? Der Denker würde nach Einbeziehen aller Bewertungskriterien entscheiden: keine wirkliche Gefahr vorhanden. Sorgenfrei und gelassen passieren wir den entgegenkommenden Hund. Ach, was für eine schöne Vorstellung.

Doch leider hat jeder von uns seine ganz individuellen Reize und herausfordernden Situationen, bei denen die Gelassenheit abhandenkommt. Unser Denkerhirn wird dann übergangen und wir reagieren gestresst. Vom Thalamus führen nämlich Reizleitungen mit teilweise sehr hohen Geschwindigkeiten zur Amygdala. Das ist unsere „Alarmanlage“, die bei einem entsprechenden Reiz innerhalb von wenigen Millisekunden eine Stressreaktion in Gang setzt. Keine Zeit für Besonnenheit. Die hätte uns in Urzeiten das Leben kosten können.

UNSER KÖRPER IM TURBO-MODUS

In herausfordernden Situationen läuft ein Notfallprotokoll ab. Es wird eine Kaskade von Botenstoffen aktiviert. Vereinfacht dargestellt fluten die Stresshormone Adrenalin, Noradrenalin und Cortisol unseren Körper. Unsere Urreaktionen von Kampf oder Flucht werden so perfekt vorbereitet. Unzählige Körperreaktionen laufen ab, die den Körper zu Höchstleistungen befähigen. Das Herz schlägt schneller, um alle Muskeln und Organe gut mit Sauerstoff zu versorgen. Schweißdrüsen werden angeregt, um den Körper bei Kampf oder Flucht vor Überhitzung zu schützen. Der Atem beschleunigt sich, um mehr Sauerstoff zu erhalten, wir atmen flacher.

Dieser Turbo-Modus des Körpers lässt sich leider nicht auf Knopfdruck unterbinden. Darüber sollten wir uns aber nicht ärgern, sondern vielmehr staunen, was unser Körper leistet. Auch wenn wir das eher als unliebsames Geschenk der Natur wahrnehmen und oftmals dankend zurückgeben möchten. Doch uns stehen einige Möglichkeiten zur Verfügung, um Einfluss auf diese Stressreaktionen zu nehmen und unser Alarmzentrum besser zu managen.

Unser Körper Hochleistung in Rekordzeit!

YERKES UND DODSEN MACHEN ES UNS LEICHTER

Die Forschungsergebnisse der amerikanischen Psychologen Yerkes und Dodson zu Beginn des 20. Jahrhunderts haben auch heute noch Gültigkeit und eine große Bedeutung für unseren Weg: Unser aller Zielsetzung ist häufig, maximale Gelassenheit in herausfordernden Situationen erreichen zu wollen. Dadurch könne man diese besser bewältigen. Dieser Zusammenhang stimmt zwar, allerdings verläuft dieser nicht linear.

Die vereinfachte Darstellung zeigt, dass das maximale Leistungsniveau nicht bei allergrößter Gelassenheit, sondern bei einem mittleren Anspannungsniveau erreicht wird. In einem zu entspannten Zustand ist es nämlich kaum möglich, eine angemessene Leistungsfähigkeit abzurufen. Der mittlere Anspannungsbereich erlaubt uns hingegen, bestmöglich zu agieren, da unser Aufmerksamkeitsfokus verengt wird. Wir sind nun in der Lage, uns auf das Wesentliche zu konzentrieren. Geht die Aktivierung aber über ein angemessenes Mittelmaß hinaus, sind auch häufig Emotionen wahrnehmbar, die von der eigentlichen Herausforderung ablenken können. Üblicherweise sind das Gefühle wie Angst, Ärger, Wut.

Diese Forschungsergebnisse sind für unseren Weg sehr hilfreich. Wie oft eilen wir dem Ziel hinterher, möglichst tiefe Gelassenheit zu erreichen und wie Buddha selbst durch jegliche Herausforderungen mit unserem Hund schreiten zu wollen. Doch nun können wir die Latte mit wissenschaftlicher Untermauerung getrost etwas tiefer hängen. Das entlastet. So liegt die Kunst also darin, dass wir unser Anspannungsniveau passend auf ein mittleres Niveau regulieren können. Dann sind wir in der Lage, in den herausfordernden Situationen mit unserem Hund angemessen aufmerksam zu sein, klare Gedanken zu haben und sinnvolle Entscheidungen zu treffen.

Wir wären für unseren Hund wahrlich kein hilfreicher Begleiter, wenn wir in diesen Situationen mit absoluter Gelassenheit und maximaler Muskelentspannung agieren würden.

Eine mittleres Anspannungsniveau ist das Ziel.

Die Yerkes-Dodsen-Kurve:
Eine gewisse Anspannung hat durchaus Vorteile

DIE GEDACHTE ZITRONE

Du kannst dir das folgende Gedankenexperiment vorlesen lassen oder es zunächst selbst lesen und im Anschluss am besten mit geschlossenen Augen so vorstellen, als würde ein innerer Film ablaufen. Beobachte während dieser Übung deine Gefühle und dein Verhalten.

Erforsche die Macht deiner Gedanken

Schließe deine Augen, atme ein und aus und komme zu Ruhe. Stelle dir vor, vor dir liegt auf einem Holzbrett eine gelbe und saftige Zitrone. Du nimmst sie in die Hand, ertastest mit den Händen die Beschaffenheit der Oberfläche und du betrachtest die Schale. Nimm jedes Detail wahr. Greife dann zu dem Messer daneben. Schneide die Zitrone in zwei Hälften. Schon während des Schneidens tritt der Zitronensaft heraus. Nimm eine Hälfte in die Hand und rieche daran. Du nimmst die Säure wahr. Beiße nun herzhaft in die Zitrone. Hallte nun inne und spüre nach, was diese Vorstellung in dir ausgelöst hat:

- Was hast du gefühlt, als du gedanklich in die Zitrone gebissen hast?
- Was konntest du in deinem Mundraum wahrnehmen?
- Gab es kleine Bewegungen deiner Gesichtsmuskeln?

Wenn es dir gelungen ist, das Beschriebene bildhaft zu erleben, so wirst du wahrscheinlich ein unangenehmes Gefühl im Mundraum und einen verstärkten Speichelfluss wahrgenommen haben. Vielleicht wurde das auch von verzogenen Gesichtsmuskeln begleitet.

GEDANKEN ERSCHAFFEN DEINE REALITÄT

Dieses kleine Experiment macht wesentliche Dinge deutlich: Allein unsere Gedanken sind in der Lage, bei uns Gefühle und ein Verhalten auszulösen. Unser Gehirn kann nicht unterscheiden, ob wir etwas gerade tatsächlich erleben oder ob wir es uns nur einbilden. Unsere Gedanken schaffen also eine vermeintliche Wahrheit. Das heißt, wir selbst müssen uns klarmachen, was Realität ist und was unserer Vorstellung entspringt. Ansonsten geben wir unseren Gedanken sehr viel Macht.

Hinzu kommt, dass wir den Wahrheitsgehalt eines Gedankens umso höher einstufen, je stärker die Emotionen sind, die dieser in uns auslöst. Löst der Gedanke an

Hundebegegnungen starke negative Emotionen aus, so glauben wir umso mehr daran, dass Hundebegegnungen besorgniserregend sind.

Unser Gehirn arbeitet fast wie ein Computer. Eingehende Informationen werden verarbeitet. Dabei ist es egal, ob diese real sind oder unseren Gedanken entspringen. In der Computersprache ist der Spruch „garbage in, garbage out" verbreitet, was übertragen so viel heißt wie: Wenn ich den Rechner mit unsinnigen Dingen füttere, kann nichts Sinnvolles dabei herauskommen. Wir müssen also auch bei unserem Gehirn sehr sorgsam darauf achten, mit welchen Gedanken wir es füttern. Nicht umsonst sagt man, unser Gehirn sei zwar ein zuverlässiger Diener, aber ein miserabler Herr.

Wir können nicht vermeiden, dass uns wenig hilfreiche Gedanken durch den Kopf gehen, aber wir müssen verhindern, dass sie unbemerkt sehr machtvoll werden. Es besteht ein nicht zu unterschätzender Zusammenhang zwischen unseren Gedanken und fehlender Gelassenheit. Darin liegt aber auch ein großes Potenzial verborgen.

Herausforderungen mit dem Hund sind auch nur Gedanken.

DAS GEDANKENKNÄUEL ENTWIRREN

„Ich bin gefangen in meinen Gedanken und Gefühlen", „Ich komme da nicht alleine raus." Vielleicht kennst du solche oder ähnliche Gedanken in Situationen mit deinem Hund. Wo sind Anfang und Ende, wo ist oben und unten? Mit solchen riesigen Knoten im Kopf ist man kaum fähig, sinnvoll und gelassen zu agieren. Es wird Zeit, die Knoten zu lösen, das Gedankenknäuel zu entwirren und in einzelne Bestandteile zu sortieren. Erst dann können wir einen Überblick erhalten und uns aus unserer Handlungsunfähigkeit befreien.

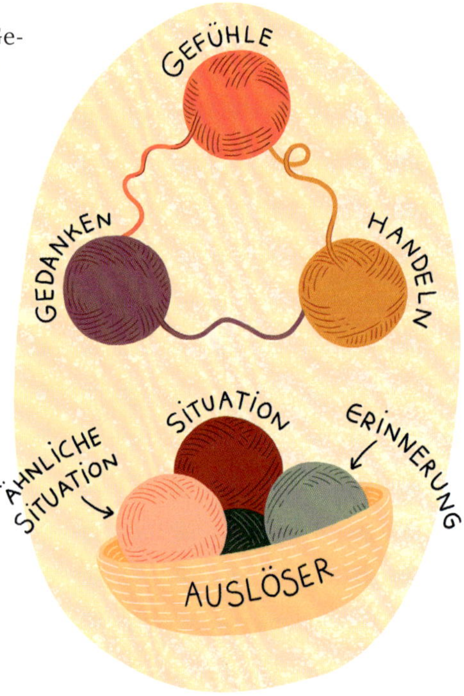

Die Zusammenhänge erkennen

Gewisse Situationen wirken als Auslöser für die unheilvollen Verstrickungen in unserem Kopf. Dies können für den Hund schwierige Außenreize wie Jogger, Wildtiere oder auch ein anderer Hund sein. Auch ähnliche Situationen zu bereits Erlebtem haben diese Wirkung. Untrennbar beteiligt sind auch unsere Erinnerungen. Beim Gedankenexperiment mit der Zitrone hast du gespürt, welche enorme Wirkung die Erinnerung an bereits Erlebtes auf uns hat.

AUTOMATISCHE GEDANKENMUSTER

Diese genannten Auslöser führen zu in Teilen unbewussten Gedanken. Daraus ergeben sich entsprechende Gefühle und Verhaltensweisen. Wenn du dich ängstlich fühlst, so wirst du sicher flacher atmen und hektischere Bewegungen zeigen. Dein Körper handelt also passend zu deinen Gefühlen. Alle drei Bereiche beeinflussen sich immer wechselseitig. Je häufiger wir diese Prozesse erleben oder in unserem Kopf durchspielen, umso mehr verfestigen sich diese Verflechtungen. Mit jeder Wiederholung prägt sich immer tiefer ein: Ein bestimmter Auslöser führt zu dazugehörigen Gedanken, Gefühlen und Handlungen unseres Körpers. Die Wiederholung ist nun einmal die Mutter jedes Lernens.
Das alles wird in einem Gedankenmuster abgespeichert, das bei entsprechenden Auslösern automatisch anspringt. Wir werden von unseren Gedanken und Gefühlen förmlich überschwemmt und fühlen uns ihnen hilflos ausgeliefert. Ein Hund in der Ferne, ein Schatten, den wir für ein Reh halten, ein plötzlich auftauchender Jogger: Jeder kennt seine individuellen Auslöser. Selbstverstärkende Prozesse tun ihr Übriges und schneller als wir schauen können, geraten wir in Verstrickungen, die uns jede Handlungsfähigkeit rauben.

Gedanken, Gefühle und Handeln stehen immer in Beziehung zueinander.

DIE FÄDEN IN DER HAND BEHALTEN

Wir können und wollen natürlich nicht alle Auslöser vermeiden, die zu Stressreaktionen führen. Aber wir können solche heillosen Gedankenverstrickungen verhindern, indem wir bewusster und planvoller auf die Auslöser reagieren. Dann sind wir nicht länger Zuschauer unserer Reaktion, sondern nehmen aktiv darauf Einfluss. Dabei unterstützen uns bewährte Methoden aus dem Mental-, Resilienz- und Achtsamkeitstraining.

Wie du deine GEDANKEN sinnvoll lenken kannst

GELASSENHEIT BEGINNT IM KOPF

Gedanken gehören zu uns wie das Atmen, aber über ihre bedeutende Wirkung sind wir uns oft nicht bewusst. Was trennt uns von einem anderen Verhalten oder Fühlen? Unser Denken.

Wenn du Situationen mit deinem Hund nicht mit Gelassenheit meistern kannst, zeigt dies nicht, wie du bist, sondern dies ist nur Ausdruck dessen, was du selbst über dich glaubst und wie du über dich denkst. All deine Erfahrungen in Zusammenhang mit deinem Hund, seien sie positiv oder negativ, deine Gedanken dazu und auch Äußerungen anderer über dich: Alles mischt sich in dir zu einer inneren Überzeugung. Mit jeder neuen Wahrnehmung, die diese Überzeugung bestätigt, verfestigt sie sich zunehmend. Sie steuert wiederum in großem Maße deine Gedanken, dein Fühlen und dein Verhalten.

Unser Hund wird regelmäßig von einem Tierarzt begutachtet, unser Auto erhält eine Inspektion, doch unsere Denkstrukturen können sich ohne jegliche Kontrolle entwickeln. Gerade hier wäre eine regelmäßige Überprüfung durchaus sinnvoll, um zu schauen, ob alles in Balance ist oder ob sich irgendwo ein Gedanke aus unguten Überzeugungen unbemerkt vergrößert. Denn dieser kann sich sonst wie ein unverrückbarer Felsblock als scheinbare Wahrheit in unserem Kopf festsetzen. Diese felsenfeste Überzeugung ist es dann, die uns den Weg zu mehr Gelassenheit in herausfordernden Situationen verstellt.

Wir sind uns oft nicht bewusst, dass wir dieses Hindernis, diese vermeintliche Wahrheit, in unserem Inneren selbst konstruiert haben. Die gute Nachricht ist, dass allein wir es auch wieder entfernen können.

Keine Sorge! Selbst felsenfeste Überzeugungen lassen sich wieder lösen.

DER BLICK NACH INNEN

Sich mit seinen inneren Vorgängen zu beschäftigen ist allerdings nicht Teil unserer Kultur. Innenschau und Reflexion sind für uns oft ungewohnt. Du wirst mit der Zeit jedoch die Erfahrung machen, welche bemerkenswerten Entwicklungen entsprechende Fragen in dir anstoßen können. Diese können ihre Wirkung allerdings nur entfalten, wenn du dich tatsächlich mit ihnen auseinandersetzt. Aus eigener Erfahrung weiß ich, dass das am Anfang zunächst schwerfallen kann. Lass dich davon nicht entmutigen. Du wirst mit der Zeit immer schneller einen Zugang dazu finden. Wenn du das erste Mal spürst, dass sich dadurch etwas in dir bewegt, so werden die nächsten Schritte zunehmend leichter fallen.

VON BRÜCKEN AUF DEM WEITEN FELD

Stelle dir vor, du erreichst eine weite Ebene, auf der kreuz und quer einzelne Brücken stehen. Eine Brücke ist eigentlich ein sehr sinnvolles Konstrukt, das hilft, Hindernisse sicher zu überwinden. Doch diese hier sind völlig ohne Funktion über dem Feld verteilt. Eine absurde Vorstellung? Ja, gewiss, aber gar nicht so abwegig, denn auch wir bauen zahlreiche solcher Brücken.
Diese Brücken stehen stellvertretend für unsere Gedanken, die wir uns vor Herausforderungen machen. Dabei wissen wir gar nicht, wann oder ob diese eintreten werden. Wir sind jedoch davon überzeugt, dass die Gedanken helfen würden, diese Hindernisse besser zu meistern. Solch sorgenvollen Gedanken messen wir ein hohes Maß an Bedeutung zu. Sie müssen wichtig oder gar richtig sein, da es sich um Sorgen handelt. Doch hier dürfen wir uns nicht täuschen lassen. Nur weil sie unangenehme Gefühle auslösen, sind sie dadurch nicht wahr oder wichtig.

Befürchtungen lösen keine Probleme.

Das Bild der unsinnigen Brücken auf dem Feld zeigt die Absurdität unserer Befürchtungen. Denn diese beginnen bereits weit vor einer möglichen realen Herausforderung und existieren zunächst nur in unserem Kopf. Somit sind die Gedanken genauso unnötig wie die Brücken, die ohne ein zugehöriges Hindernis auf dem Feld verteilt sind.

FEHLALARM

Doch jeder Funke an Befürchtung löst bereits eine leichte Stressreaktion in uns aus. Hunde sind in der Lage, Stress im Schweiß und unserem Atem wahrzunehmen. Dafür reicht nach einer Studie der Queen's University in Belfast bereits eine geringe Stressbelastung aus. Unsere Sorgengedanken können so bei vielen unserer Hunde auch deren Erregungsgrad ansteigen lassen.
Jede einzelne Befürchtung ist wie ein Fehlalarm. Wir verkünden „Gefahr!", wo es keine gibt. Dadurch verschwenden wir unnötig Energie, ein in der Natur verpöntes Prinzip. Unser Hund möchte sich jedoch vertrauensvoll an jemandem orientieren, der eine Situationen gut beurteilen und in der Folge sinnvolle Entscheidungen treffen kann. Brücken weit vor einer Schlucht zu bauen, gehört nun wahrlich nicht dazu. Durch unser Verhalten sind wir weit davon entfernt, ein souveräner und gelassener Begleiter für unseren Hund zu sein. Vorbildlicher wäre es, Dinge erst dann gedanklich anzugehen, wenn sie tatsächlich dran sind.

Entlarve deine Stressgedanken

Beobachte dich in den nächsten Tagen und nimm deine Befürchtungen vor vermeintlichen Herausforderungen wahr. Mache dir bewusst, wie weit im Vorfeld du Stressgedanken entwickelst. Machst du dir schon Sorgen, wenn du die Haustür zum Spaziergang öffnest oder den Hund aus dem Auto aussteigen lässt? Jedes Mal, wenn du einen solchen Stressgedanken bemerkst, so kannst du dich einmal zwicken oder am Ohrläppchen zupfen. Das macht dir den Gedanken bewusst.

Du kannst deinen Stressgedanken durch diese entlarvende Frage in Luft auflösen: Überlege bei dessen Auftauchen, ob die Situation, über die du dir gerade Gedanken machst, in der jetzigen Sekunde ein Problem für dich ist? Nein? Prima! Dann gibt es auch keinen Grund, sich jetzt Gedanken zu machen. Das Problem steht jetzt gerade nicht an. Das ist eine sinnlose Energieverschwendung.

Erinnere dich an das Bild zu Beginn: Baue keine Brücken mehr vor dem eigentlichen Hindernis.

"

Ich habe viele Ängste und Sorgen im Leben gehabt,
die wenigsten sind eingetreten.

Mark Twain, amerikanischer Erzähler und Satiriker

AKZEPTIEREN: A-HA!

Eines der bedeutsamsten Teilstücke auf unserem Weg zum gelassenen Hundehalter ist das Thema der Akzeptanz.
Stelle dir vor, du hältst ein Seil in Händen. So eines, wie du es vom Tauziehen kennst. Du umfasst es mit beiden Händen. Ganz fest. Am anderen Ende zieht etwas oder jemand, so genau kannst du dein Gegenüber nicht erkennen. Du spürst nur, wie es zieht: kräftig, sehr kräftig. Du hältst dagegen und umklammerst das dicke Seil noch fester. Deine Finger schmerzen, die Haut ist aufgerieben. Es kostet dich sehr viel Kraft. Du ziehst weiter. Das Atmen fällt schwer. Du hast nur ein Ziel: Das Seil darf sich nicht bewegen, du selbst willst es kontrollieren.
Doch wer ist dein Gegner, den du so vehement versuchst aufzuhalten? Es ist das Leben. Das Leben, das dich lenkt, wie du es aber oftmals nicht möchtest. Dazu gehören die Herausforderungen mit deinem Hund, aber auch alle weiteren Dinge des Alltags, die dir dein Leben schwer machen. Du stemmst dich mit aller Macht dagegen, doch dein Ziehen ist ein sinnloses Unterfangen. Egal, wie sehr du dich auch anstrengst, du kannst das Seil nicht an Ort und Stelle halten oder gar in eine gewünschte Richtung bewegen. Die Realität wird immer stärker daran ziehen. Diesen Kampf kann man nicht gewinnen.

EINFACH MAL LOSLASSEN

Lass nun das Seil los! Lass einfach los. Sieh zu, wie es zu Boden fällt und seinen Lauf nimmt. Spüre, wie die Anspannung von deinem ganzen Körper abfällt. Nimm die Erleichterung wahr. Öffne und schließe deine verkrampften Hände, du kannst dich wieder aufrichten und tiefe Atemzüge nehmen. Welche Wohltat. Du hast nun aufgehört, mit dem Leben zu diskutieren. Du akzeptierst es mit all den kleinen und großen Herausforderungen. Du nimmst all die Dinge an, die passieren, sowie auch deine Gedanken dazu. Das, was ist, das ist.

Stolperstein auf dem Weg

Etwas zu akzeptieren heißt keinesfalls, dass du das gut findest. Du nimmst damit nur die Realität an, wie sie ist. Nicht mehr und nicht weniger.

Wie oft zerbrechen wir uns den Kopf: Warum man nicht doch den Welpen mit dem blauen Halsband genommen hat. Warum man doch die andere Tierschutzorganisation hätte wählen sollen. Warum man ausgerechnet den Weg heute eingeschlagen hat, wo eine unangenehme Situation passiert ist. Du zerbrichst dir den Kopf über die Krankheiten des Hundes und ob die Rasse nicht doch ein Fehlgriff war. Die Liste ließe sich unendlich erweitern.
Eine Hilfe, um das Seil loslassen zu können und die Situation zu akzeptieren, ist ein innerlicher Kommentar, der uns unterstützt, diese Grundhaltung einzunehmen: „A-ha." Du merkst selbst, welche annehmende Haltung bei diesen zwei Silben mitschwingt. „So ist es und nicht anders." Passend intoniert, ist „A-ha" ein guter Begleiter, um uns der Akzeptanz ein Stück näher zu bringen. Oftmals fällt uns die Akzeptanz schwer, da unser Kopf mit dem Gedanken „Das gibt es doch nicht!" ausgefüllt ist. Verzichte auf die letzten neun Buchstaben und daraus wird „Das gibt es!".

Die Fähigkeit, Situationen zu akzeptieren, führt zu emotionaler Stabilität.

DIE NEUE ENERGIE NUTZEN

Durch die Akzeptanz hast du nun beide Hände frei und kannst deine Kraft und Zeit wirkungsvoll einsetzen. Erst wenn du Schwierigkeiten und Herausforderungen so annehmen kannst, wie sie sind, kannst du dich gedanklich und emotional

davon lösen. Das ist die oft vergessene Voraussetzung für die nächsten Schritte und ermöglicht es dir überhaupt erst, handlungsfähig zu werden.
Doch es gibt noch einen weiteren Vorteil. Durch das Loslassen nimmst du Druck aus der Situation und du richtest den Fokus nicht mehr so stark auf das, was du unbedingt verhindern möchtest. Wie von Zauberhand wird allein dadurch so manche Herausforderung etwas kleiner.

Akzeptiere Herausforderungen mit dem Hund

Für viele Menschen ist es recht schwierig, diese akzeptierende Grundhaltung ihrem Hund gegenüber einzunehmen. Beginne hier zunächst mit einem „A-ha"-Tag. Achte in allen Situationen mit deinem Hund darauf, wann du eine Situation oder einen Gedanken nicht annimmst und akzeptierst. Du erkennst das daran, dass du einen Widerstand spürst: Du ärgerst dich, dir ist etwas unangenehm, du möchtest es unbedingt anders haben oder eine Situation lässt dich grübeln. Löse den Widerstand in dir. Akzeptiere. Erinnere dich an das Seil: Lass los. Es ist, wie es ist. Nimm wahr, wie der Druck nachlässt und das eigentliche Thema an Bedeutung verliert.

- Der Hund kommt nicht, obwohl du rufst. Du merkst den Ärger in dir aufsteigen? Nimm es wahr. Nicht mehr und nicht weniger. „A-ha", „Das gibt es".
- Dein Hund bellt an der Leine bei der Begegnung mit einem Artgenossen. Du merkst, dass dir das unangenehm ist? Nimm es wahr, beobachte dieses Gefühl und übe dich in der akzeptierenden Haltung: „A-ha."
- Er hat sich in Unaussprechlichem gewälzt: „A-ha.".

Es gibt Situationen, da wird dir das noch schwerfallen. Das ist völlig normal. Mit der Zeit gelingt es dir besser, solche Situationen mit deinem Hund zu akzeptieren.

Damit du Übung bekommst in der akzeptierenden Grundhaltung, kannst du das auch in deinem Alltag nutzen. Nimm auch hier die akzeptierende „A-ha"-Haltung ein:

- Ein Stau, der so nicht angekündigt war: „A-ha". Es ist, was ist.
- Die Schlange an der Supermarktkasse, obwohl du es eilig hast: „A-ha".

„Was man nicht annimmt, kann man nicht verändern."

Carl Gustav Jung, Schweizer Psychiater und Wissenschaftler

VORSICHT! BEWERTUNGEN

Stelle dir in Gedanken eine Hundeleine vor, die dir sehr gut gefallen würde. Stelle sie dir ganz genau vor. Aus welchem Material ist sie? Leder oder vielleicht aus Tau? Welche Farbe oder welches Muster weist sie auf? Welche Länge stellst du dir vor? Wie viele und welche Art von Karabiner finden sich? Nimm alle Details vor deinem inneren Auge wahr. Fertig?
Verwende diese Leine nun beim nächsten Gassi mit deinem Hund. „Geht nicht!", sagst du? Natürlich nicht. Deine von dir gestaltete Hundeleine ist nichts anderes als ein Konstrukt deiner Gedanken. Damit sind sie, wie eben auch alle deine anderen Gedanken, nicht echt. Gedanken sind also keine Tatsachen oder Wahrheiten. Nichts dergleichen. Eigentlich sind es nur elektrische Aktivitäten zwischen Nervenzellen im Gehirn. Mentale Konstrukte. Damit ist alles, was wir vor oder in gewissen Situationen mit unserem Hund denken, genauso real wie deine gerade erschaffene Hundeleine: nämlich gar nicht.

Welche Gedanken hättest du, wenn dein Hund am Zaun lautstark bellen würde?

Gedanken zeigen also nicht die Realität. Wir machen uns lediglich Gedanken über die Realität. Das ist ein kleiner, aber sehr bedeutsamer Unterschied. Dadurch haben unsere Gedanken einen gewaltigen Einfluss, wie wir über die Realität denken. Wir müssen sorgsam mit ihnen umgehen. Dies wird dir an folgendem Beispiel deutlich. Dein Hund rennt zum Zaun, fängt wild an zu kläffen und ist völlig außer sich. Dir schießt sofort ein Gedanke durch den Kopf. Doch welcher?

Gedanken erschaffen Realität, sie sind nicht die Realität.

DIE FOLGEN DEINER GEDANKEN

Wenn eine Situation wie in der Illustration auf Seite 26 bei einer Person ärgerliche Gefühle und bei einer anderen Person Zufriedenheit auslöst, so ist eines dadurch bewiesen: Die Situation allein kann nicht Ursache der Gefühle sein, denn sonst müssten beide Personen zwingend dasselbe fühlen. Doch wer sorgt denn dann für die entstandenen Gefühle, wenn es nicht die Situation sein kann?
Du bist es selbst. Nicht das Ereignis ist die Ursache deines Fühlens und Verhaltens, sondern deine bewertenden Gedanken. Das erklärt auch, warum Menschen auf ein und dasselbe Ereignis unterschiedlich reagieren.

Gefühle sind die Reaktion auf eine Bewertung.

Dass von diesen Bewertungen so viel abhängt, ist wichtig zu verstehen. Denn ehrlicherweise schiebt man gerne einer anderen Person oder dem Hund die Schuld an der Entstehung der Gefühle in die Schuhe. Dies zeigen Äußerungen wie: „Die Hundebegegnung war wieder zum Heulen" oder „Mein Hund hat nicht gehört. Das ärgert mich." Es liegt nicht an der Situation, sondern ganz allein an dir, wie du diese bewertest und in der Folge reagierst. Du darfst nicht länger den äußeren Umständen die Macht zusprechen, was oder wie du fühlst. Ab sofort bist du für deine Bewertungen, samt den zugehörigen Gefühlen, ganz allein verantwortlich.

Stolperstein auf deinem Weg

Die Bewertungen klammern sich oft an deine Gedanken und behaupten, sie seien schon immer dagewesen und daher wahr. An dieser Stelle darfst du einfach laut entgegnen: „So ein Quatsch! Ihr seid nur mentale Konstrukte und dazu nicht mal hilfreich. Ich werde euch ab sofort genauer beobachten!"

BEWERTUNGEN BEWUSST MACHEN

Änderst du so manche alltägliche Formulierung, so machst du dir selbst deutlich, dass die Verantwortung bei dir selbst liegt: Das bereitet mir Sorge → Ich bereite mir Sorgen. Das ärgert mich → Ich ärgere mich.

Wenn es dir gelingt, deine automatischen Beurteilungen sichtbar zu machen, hast du einen sehr wertvollen Ansatzpunkt, um herausfordernde Situationen in Zukunft gelassener zu meistern. Ohne Bewertung bleiben die automatischen Reaktionen aus. Im Gegenteil: Nimmst du bewusst Einfluss auf deine Bewertungen, kannst du eine für dich hilfreiche Reaktion auf eine Situation hervorrufen. Nimm dir am besten ein paar Tage Zeit für die Beantwortung der folgenden Fragen. Beobachte dich dafür in Situationen, in denen du dir mehr Gelassenheit in Situationen mit deinem Hund wünschst. Es ist empfehlenswert, die Antworten schriftlich zu notieren und Erkenntnisse nach und nach zu ergänzen.

Auslöser

- Welche Situation mit deinem Hund lässt dich in Stress geraten?
- Welche Erinnerung an eine Situation mit deinem Hund versetzt dich in Stress?

Bewertung/Beurteilung

- Welche Gedanken gehen dir durch den Kopf vor, in oder nach der oben genannten Situation?
- Welche Erwartungen hast du an dich in dieser Situation?
- Welche Vorhersagen machst du zu der Situation?
- Was beunruhigt dich an der Situation?

Auswertung

- Findest du Gedanken mit Bewertungen?
- Erkennst du einen Zusammenhang zwischen deiner Bewertung und deinen Emotionen?

Deine Beobachtungen sind wertvoll, um Verborgenes in dein Bewusstsein zu holen. Wenn du es an die Oberfläche holst, wirst du daran etwas verändern können. Schon allein die intensive Auseinandersetzung und das Wahrnehmen deiner Gedanken samt Bewertungen nimmt ihnen einiges an Macht. Etwas beginnt sich zu lösen. So mancher felsenfeste Gedanke wird sich dadurch schon etwas lockern.

”

> Es sind nicht die Dinge, die uns beunruhigen,
> sondern die Meinungen, die wir von den Dingen haben.
>
> Epiktet, griechischer Philosoph der Stoa

GEDANKEN MIT FEHLFUNKTION

Es gibt typische Gedanken, die uns leiten und Stressreaktionen hervorrufen. Die folgende Methode ist geeignet für Gedanken, die bei ganz bestimmten Situationen immer wieder auftauchen. Es wird Zeit, dass wir uns diese genauer anschauen. Hinauf mit ihnen auf den Untersuchungstisch und die stärkste Lampe angemacht. Wie gelingt es ihnen, uns in manchen Situationen die Gelassenheit zu nehmen?

DIAGNOSE

Wenn wir unsere Gedanken so genau unter die Lupe nehmen, so kommen wir wahrscheinlich ins Staunen. Der genaue Blick offenbart, dass einige Gedanken ziemliche Fehlfunktionen aufweisen. Es gibt automatische Bewertungen, die unter uns Hundehaltern weit verbreitet sind. Nun wird klar, dass wir mit solchen Gedanken im Kopf gar nicht gelassen reagieren können. Klassischen Fehlfunktionen der Gedanken sind:

So mancher Gedanke verdient einen genauen Blick

„Das darf nicht sein!“: Etwas ist passiert und der Gedanke daran plustert sich auf ungeahnte Größe auf mit „Nein, nein, das darf nicht sein … Warum denn nur …?“ und lässt durch sein beachtliches Ausmaß dem lösungsorientierten Denken keinen Raum mehr. Eine Fehlfunktion, die Stress und Ärger zuverlässig verstärkt.

„Das ist schwerwiegend“: Aus einem kleinen Fehlverhalten des Hundes ein doggengroßes Problem machen. Oftmals aus eigenem perfektionistischem Anspruch heraus oder auch durch die Anforderungen des Umfelds hervorgerufen.

„Das war ich nicht“: Das, was andere können und leisten mit ihrem Hund, wird staunend wahrgenommen. Wenn man selbst gewisse Situationen mit dem Hund meistert, dann werden diese kleingeredet oder man spricht von Glück oder Zufall.

„Das kann ich nicht“: Ein Scheitern in gewissen Situationen mit dem Hund wird auf viele andere und vor allem auch zukünftige Situationen mit dem Hund übertragen. Mit dieser inneren Haltung werden auch diese zuverlässig schiefgehen.

„Da glitzert nichts“: Positive Erlebnisse mit dem Hund werden kaum wahrgenommen oder im dunklen Kämmerlein in der untersten Schublade abgelegt.

„Aber mein Gefühl sagt …“: Das Bauchgefühl äußert sich leider nicht immer hilfreich. Es ist zwar wichtig in der Arbeit mit unseren Hunden, aber wir dürfen nicht alles glauben, was wir fühlen. Denn das kann auch seinen Ursprung in alten und wenig hilfreichen Denkmustern haben.

Nimm deine Gedanken unter die Lupe

Beobachte deine Gedanken, die dich bei typischen Herausforderungen mit deinem Hund begleiten. Dies sind Gedanken, die in bestimmten Situationen immer wieder auftauchen. Du kannst auch die Gedanken aus der Übung zuvor verwenden. Überprüfe, ob du die genannten und häufig vorkommenden Fehlfunktionen bei ihnen diagnostizieren kannst. Vielleicht entdeckst du auch andere felsenfest verankerte Gedanken in dir, die dir deine Gelassenheit rauben. Hat man sie erstmal entdeckt, so reicht es manchmal durchaus, diese Gedanken mal zu schütteln oder sie kräftig in den Wind zu stellen. Ein schöner Waldspaziergang wirkt Wunder, um sie loszuwerden. Doch bei den älteren und damit alteingesessenen Gedanken ist ein wenig mehr Aufwand nötig, um sie von ihrer Fehlfunktion zu befreien. Doch auch dafür gibt es bewährte Behandlungsmethoden.

Stolperstein auf deinem Weg

Hilfreiche Gedanken ohne Fehlfunktion werden leider häufig übersehen und fristen ein unbeachtetes Dasein. Nimm sie wertschätzend wahr. Hege und pflege sie, lass sie wachsen und gedeihen.

BEHANDLUNG

Beantworte zu den Gedanken mit Fehlfunktion folgende Fragen. Nimm dir Zeit dafür. Wenn du die Antworten aufschreibst, wirst du den Gedanken intensiver bearbeiten können.

- Wie glaubwürdig ist dieser Gedanke auf einer Skala von 1–10 (1: nicht glaubwürdig, 10: 100% glaubwürdig)?
- Welche Gefühle werden durch den Gedanken ausgelöst?
- Welche Reaktionen löst der Gedanke aus?
- Was spricht dafür, dass der Gedanke zutrifft? Was spricht dagegen?
- Welchen Nutzen hast du, wenn du den Gedanken beibehältst?
- Hilft dir der Gedanke dich so zu fühlen, wie du möchtest?
- Was würdest du einem guten Freund raten, wenn er diesen Gedanken hätte?
- Wie glaubwürdig schätzt du jetzt noch den Gedanken ein (1–10)?

VERWANDLUNG

Du hast deinen Gedanken allein durch die „Behandlung" schon einiges an Macht genommen. Dadurch wird es nun einfacher, diesen Gedanken tiefgründiger zu bearbeiten und in eine sinnvolle Alternative zu verwandeln.

Diese Wandlung wird durch die sogenannte Neuroplastizität unseres Gehirns möglich. Das ermöglicht lebenslanges Lernen und Umlernen. Allerdings kann das ein wenig dauern, da unser Gehirn bevorzugt auf wiederholt genutzte Muster zurückgreift. Je häufiger wir einen Gedanken haben, umso stabiler verfestigt sich dieser in unserem Gehirn. Eine Art Gedankenautobahn entsteht. Haben wir also oft Gedanken mit Fehlfunktionen, so verankern sich diese stark in unserem Unterbewusstsein, werden leicht aktiviert und führen zu automatischen Reaktionen. Neue Denkmuster hingegen sind wie kleine Pfade durch eine Wildnis. Es kostet am Anfang viel Geduld, Energie und Aufmerksamkeit, diese zu bahnen. Wenn es bereits Gedankenautobahnen gibt, ist es für unser Gehirn nicht wirklich ersicht-

Reflexion gelingt mit etwas Ruhe und Zeit

lich, warum der Aufwand für neue Wege betrieben werden soll. Es interessiert sich nämlich nicht dafür, ob es uns mit den automatisierten Gedanken gut geht. Funktionierende Gedankenbahnen zu ersetzen ist energietechnisch sinnlos. Energie ist in der Natur ein wertvolles Gut. Oftmals ist es daher einfacher, neue Dinge zu lernen, als Gelerntes zu lassen. Unser Gehirn zwingt uns daher sehr gerne auf die bestehende Autobahn, also in die alten Denkmuster zurück.

Finde hilfreiche Gedanken

Überlege dir, welche Gedanken dir helfen würden, bei bestimmten Herausforderungen mit deinem Hund gelassener zu bleiben. Welche würden dir guttun? Achte darauf, dass du dabei keine Wunschergebnisse formulierst wie „Mein Hund geht nicht mehr jagen“ oder „Ich werde jetzt alles schaffen“. Notiere Gedanken, die dir als Stütze in solchen Situationen dienen und dir Halt geben. „Auch wenn nicht alles funktioniert, sind wir ein Team“, „Vielleicht kann ich aus der Situation etwas lernen“ könnten Alternativen sein.

Wenn du diese direkt neben den Gedanken mit Fehlfunktion schreibst, so kannst du letztere zeitgleich genüsslich durchstreichen. Notiere auch, welche Gefühle und Verhaltensweisen diese alternativen Gedanken jeweils bei dir in Zukunft auslösen könnten. Nimm dir auch hier Ruhe und Zeit für deine Überlegungen.

Du hast hilfreiche Gedanken gefunden? Prima.

Diese neuen und unterstützenden Gedanken müssen wir nun fest verankern und dazu auch in deinem Unterbewusstsein ablegen. Dann können sie hilfreiche Automatismen auslösen und alte ersetzen. Nutze folgende Möglichkeiten:

- Notiere sie dir in auffälliger Farbe auf eine Stück Papier, das auf deinem Schreibtisch liegt oder neben der Hundeleine hängt.
- Mache ein Foto deiner Notiz und nutze es eine Zeit lang als Bildschirmhintergrund.
- Sprich sie immer wieder leise aus.

Mit der Zeit wirst du bemerken, dass dein Geist auf diese gedankliche Einlagerung zurückgreift.

Auch Gedankenautobahnen haben Ausfahrten.

Wir müssen darauf vorbereitet sein, dass das passiert. Die alten Netzwerke wirken flüssiger und fühlen sich leider dadurch „richtig" für uns an. Wir dürfen uns nicht abschrecken lassen, nur weil sich neue Gedanken ungewohnt anfühlen.
Alles, was wir heute können, haben wir meist unter viel Mühen irgendwann gelernt. Wir müssen daher akzeptieren, dass neue Muster auch Anstrengung bedeuten können.

"

Sie dürfen nicht alles glauben,
was Sie denken!

Heinz Erhardt, deutscher Komiker, Schauspieler und Kabarettist

VON DEN GEDANKEN DISTANZIEREN

Natürlich sollen und können nicht alle negative Gedanken in hilfreiche Gedanken umgewandelt werden. Für negative Gedanken, die uns wie ein Schatten auf Schritt und Tritt folgen, bietet sich auch die Methode der Distanzierung an. Diese ist schnell anwendbar und hilft akut, sobald negative Gedanken uns ihren Blick auf die Welt aufdrängen wollen. Wir sind teilweise wie verschmolzen mit ihnen. Daher müssen wir uns bewusst von deren Einfluss lösen. Solche Gedanken sind nur mentale Konstrukte in unserem Kopf. Gedanken kommentieren eine Situation, die wir erleben. Sie geben diese nicht sachlich oder gar distanziert wieder. Wir erlauben aber häufig, dass dieser wertende Kommentator eine leitende Funktion über uns erhält. Wir lassen uns dann von ihm und den Gedanken steuern und halten diese auch noch für wahr. Bedenke, dass Gedanken und Gefühle eng verbunden sind. So mancher Gedanke kann ein unangenehmes Gefühl immer wieder antreiben. Schenkst du einem Gedanken viel Aufmerksamkeit, so machst du ihn erst recht bedeutsam.
Um dem Einfluss der Gedanken zu entgehen, distanzieren wir uns von ihnen. Dies wird möglich, indem wir zum Beobachter unserer eigenen Gedanken werden. Wir schenken ihnen keine Aufmerksamkeit, beschäftigen uns nicht mit ihnen, kämpfen aber auch nicht gegen sie an.
Es geht also nicht darum, Gedanken komplett zu verbannen. Vielmehr müssen wir lernen, mit ihnen umzugehen. Sie gehören zum Leben dazu. Je häufiger wir uns so von unseren anhänglichen Gedanken lösen, umso leichter gelingt uns das mit der Zeit. Dadurch werden sie wie von selbst kleiner und leiser in ihrer Wirkung.

ICH STEIG DANN MAL AUS

Bei dieser Methode lassen wir unsere Gedanken auf einer gewissen Distanz an uns vorbeiziehen. Wir beobachten ihren Weg, aber durch den Abstand haben sie keinen Einfluss auf uns.

Werde zum Gedankenbeobachter

Ich möchte dir dafür die Zug-Metapher ans Herz legen. Sie macht es dir leichter, dich dem Einfluss der Stressgedanken zu entziehen. Du benötigst am Anfang ein stilles Plätzchen, um dich dieser Methode zu widmen. Stelle dir vor, du sitzt mit deinen Gedanken in einem Zug. Oftmals benehmen sie sich ganz gut, es herrscht Ruhe und Ordnung. Aber in gewissen Situationen spürst du, wie Unruhe aufkommt. Die Gedanken rennen nun wild durcheinander, schaukeln in den Gepäcknetzen und hüpfen von einem zum anderen. Sie zupfen dir am Arm und springen dir mit Schwung auf den Schoß. Du siehst keine Möglichkeit, diesen ungehobelten Haufen zu bändigen und beschließt ganz bewusst auszusteigen. Der Zug hält kurz an, du verlässt den Wagon, gehst über die angrenzende Wiese und lehnst dich an einen einzelnen Baum. Du atmest aus und genießt die herrliche Ruhe. In stressigen Situationen drehen sich Gedanken gerne kreisförmig. So fährt nun auch dein Zug in einiger Entfernung kreisende Bahnen um dich herum. Du kannst deine Gedanken zwar im Inneren noch erahnen, aber sie haben keinen Einfluss mehr auf dich. Du beobachtest sie nur noch.

Neben dieser Zug-Metapher gibt es weitere bewährte Bilder, um sich visuell zügig vom Einfluss seiner Gedanken zu distanzieren. Du kannst dir beispielsweise die Gedanken als Wolken oder Seifenblasen vorzustellen, die einfach an dir vorbeiziehen, oder wie Blätter, die von einem Bach mitgenommen werden. Nutze diese Methode immer wieder im Alltag, gerade beim Spaziergang mit deinem Hund. Halt inne, nimm deine Gedanken wahr und lass sie ziehen. Je häufiger du das übst, umso leichter gelingt es dir. Kleben sich widerspenstige Gedanken immer wieder an dir fest, so löse sie immer wieder freundlich und lass sie weiterziehen.

Durch das Beobachten unserer Gedanken lösen wir uns von ihrem Einfluss.

Dieses Vorgehen wird dir gute Dienste erweisen. Damit raubst du den Stressgedanken die Macht über dich. Das spiegelt sich auch in deinem Verhalten wider. Das können feine Veränderungen sein, wie zum Beispiel eine entspanntere Atmung

Abstand entmachtet Gedanken

oder eine geringere Körperanspannung. Dein Hund wird es wahrnehmen. Einige Hundehalter haben Freude daran, für das Gedankenziehen eigene interessante Bilder und Vorstellungen zu entwickeln. Vielleicht gehörst du auch dazu.

GEDANKENSCHRUMPFEN

Eine sehr interessante Variante der Distanzierung ist das Gedankenschrumpfen. Sicherlich kennst du die beeindruckenden Welten, die in großen Ausstellungen mit Modelleisenbahnen geschaffen werden. Unglaublich detailreiche Szenen aus dem Leben real dargestellt, allerdings meist im Maßstab 1:87.
Genau das machst du mit den Gedanken, die dir das Leben schwer machen. Den Maßstab bestimmst du selbst. Eine klassische Deutschlandkarte, wie sie wahrscheinlich in jedem Geographieraum der Schulen hängt, hat einen Maßstab von 1:750 000. Wenn du um dieses Verhältnis deine Gedanken schrumpfst, bleibt nicht mehr viel übrig, was deinen Kopf beeinflussen könnte.

Zugegeben: In herausfordernden Situationen mit deinem Hund hast du keinen Kopf, dir noch Gedanken um Maßstäbe zu machen. Doch diese Methode hat ihren Nutzen. Die störenden Gedanken sind oft übermächtig und drängen sich dir förmlich auf. Es hilft tatsächlich, hier einfach nur zu visualisieren, auf welche Größe du diese Gedanken geschrumpft haben möchtest. Ab einer gewissen Größe können die noch so laut auf sich aufmerksam machen und wild fuchteln, du wirst sie einfach nicht mehr hören und sehen können. Ein hilfreiches Bild ist die Größe, dass die Gedanken es sich auf einer einzelnen Haarspitze deines Hundes bequem machen können. Schrumpfe sie zügig ein und setze sie in Gedanken auch einfach auf einer Haarspitze auf dem Rücken deines Hundes ab. Von da unten können sie springen und toben, aber sie können dich nicht mehr beeinflussen. Wenn dein Hund sich das nächste Mal schüttelt, dann sind sie auch gleich entsorgt und können ihr Dasein am Wegesrand fristen.

Winzige Gedanken entfalten keine Wirkung.

STOPP!

Diese Methode eignet sich gut, um die störenden Gedanken für einen Moment zu stoppen und dadurch anderen Gedanken Raum zu geben. Im Sportbereich wird diese Methode häufig vor Wettkämpfen angewandt.

Hier ist es wichtig, den negativen Gedanken möglichst früh Einhalt zu gebieten. Noch bevor sie ihre ungute Wirkung entfalten können. Ein innerlich laut ausgerufenes „Stopp!“ ist die beste Empfehlung. Unterstützend kannst du das entsprechende Verkehrsschild visualisieren, gerne in Übergröße. Es ist leicht umzusetzen, für andere nicht sichtbar und für den Moment sehr wirksam. Diese Methode allerdings muss etwas früher als die anderen eingesetzt werden, sonst sind deine Gedanken schon auf der Kreuzung und du kannst sie auch durch das innere Stopp- Schild nicht mehr zurückholen. Nutze es also bereits frühzeitig, wenn ein schwieriger Reiz auftaucht oder du den Hundeplatz zum Wettkampf oder der Prüfung betrittst.

”

Zerre deine Gedanken weg von deinen Sorgen,
an den Ohren, den Füßen
oder auf sonst eine Art, die dir recht ist.

Mark Twain, amerikanischer Erzähler und Satiriker

Stolperstein auf deinem Weg

Diese Methode bleibt unwirksam, wenn du vergisst, alternative Gedanken in die entstandene Leere zu setzen. Ansonsten überrennen dich die zuvor gestoppten Gedanken wieder. Setze beispielsweise stattdessen unterstützende Gedanken ein. Du kannst auch Achtsamkeitsübungen ausführen, die deine Gedanken auf etwas anderes fokussieren.

GEDANKEN VERZERREN

Eine weitere hilfreiche Methode ist das Verzerren der Gedanken. Du verfremdest sie dabei in einer speziellen Art und Weise. Dies führt zuverlässig und schnell zu einer inneren Distanzierung.

Du verwendest diese Methode, wenn du die ersten Ansätze von störenden Gedanken wahrnimmst. Probiere sie unbedingt aus, auch wenn du im ersten Moment vielleicht einen inneren Widerstand spürst.

Nimmst du beispielsweise den negativen Gedanken „Gleich wird mein Hund explodieren" wahr, so ist klar, dass daraus keine sinnvollen gedanklichen oder körperlichen Reaktionen entstehen können. Du nimmst ihm folgendermaßen die Macht:

- Verzerre ihn mit einer ganz schnellen und übertrieben hellen Stimme. Das hört sich an, also ob du ihn in vielfacher Geschwindigkeit abspielst. Sprich es, wenn möglich, laut aus. Wiederhole ihn auf diese Weise etwa 10-mal.
- Du kannst auch gegenteilig vorgehen: Spiele den Gedanken langsam im Kopf ab. Er hört sich dann ganz verzerrt und kaum verständlich an. Wiederhole auch das mehrmals.

Spüre danach in dich hinein. Du wirst merken, wie sehr du dich von dem Gedanken entfernt hast und er nun deutlich machtloser ist. Vielleicht musst du sogar lächeln über deine sprachlichen Verzerrungsfähigkeiten. Die üblichen Automatismen kann der Gedanke so nicht mehr auslösen. Da du dich bei dieser Übung auch stark auf die Ausführung konzentrieren musst, treten die äußeren Reize zeitgleich zurück und stehen nicht mehr im Mittelpunkt deiner Aufmerksamkeit.

HUNDE LEBEN IM HIER UND JETZT

Dieses Thema liegt mir besonders am Herzen. Sein Potenzial wird im Hundetraining leider noch nicht ausgeschöpft. Unsere Hunde sind die besten Lehrmeister. Sie leben im Hier und Jetzt. Eine Welt, in der die Ereignisse von gestern und Erwartungen an morgen nicht die Macht haben, das Jetzt stark zu beeinflussen. Hunde grübeln nicht über ihre Schwächen, ihren Eindruck auf andere, über fehlerhafte Entscheidungen oder das Kommende. Gerade viele Tierschutzhunde haben eine Vergangenheit, häufig eine dramatische, aber Hunde denken nicht andauernd darüber nach.

*Im Augenblick sein zu können,
ist eine wertvolle Währung.*

BEI SICH SEIN

Wir sind oft überall, aber „nicht bei uns", wie man es auch häufig formuliert. Mit unseren Gedanken sind wir im Gestern, im Morgen und sehr häufig auch im Konjunktiv, im „Könnte" und im „Hätte". Doch damit sind wir nicht im Hier und Jetzt. Da wir dadurch unsere Energie diffus verstreuen, können wir keine Klarheit und Gelassenheit ausstrahlen. Hunde meiden solche Energien. Wollen wir echte Gelassenheit vorleben, so müssen wir lernen, im Hier und Jetzt zu sein. Dann erst strahlen wir die notwendige Präsenz und zentrierte Energie aus, an der sich unsere Hunde so gerne orientieren.

Fange deinen Gedanken immer wieder ein

Stelle immer wieder Momente her, in denen du bewusst nur im Hier und Jetzt bist. Fange deine Gedanken, die in die Vergangenheit und Zukunft driften, immer wieder ein. Stelle immer wieder die Frage „Was gibt es hier und jetzt?", um deine Gedanken mit dem Augenblick zu beschäftigen. Nutze ein Lasso, einen Fangkorb, was auch immer du möchtest. Bleibe beharrlich und gelassen bei dieser Tätigkeit. Du wirst sehen, je häufiger du deine Gedanken ins Hier und Jetzt zurückholst, umso weniger werden sie abdriften und du kannst dich immer leichter mit dem jetzigen Augenblick beschäftigen.

MIT ACHTSAMKEIT FÜHREN

Eines der effektivsten Werkzeuge, im Hier und Jetzt anzukommen, ist die Achtsamkeit. Sie hat ihren Ursprung in zweieinhalbtausend Jahre alten buddhistischen Lehren. Die folgenden Übungen sind vielseitig einsetzbar. Sie helfen bei zahlreichen Gelegenheiten, Stressgedanken aufzulösen und damit den Weg zu mehr Gelassenheit zu ebnen. Der Kern der Achtsamkeit ist, dass du dem, was du im Augenblick denkst und fühlst, deine volle Aufmerksamkeit schenkst. Du beobachtest, nimmst wahr, aber bewertest nicht. Dadurch entsteht kein Impuls zu handeln oder zu reagieren. Gelingt das nicht, und schweifen deine Gedanken ab, so holst du deine Aufmerksamkeit einfach wieder wohlwollend zurück.

Achtsamkeit ist entgegen der allgemeinen Auffassung kein Entspannungstraining. Im Gegenteil, es führt zu einer erhöhten Aufmerksamkeit. Du bist präsent. In der Arbeit mit deinem Hund musst du gut überlegen, wohin du deine Aufmerksamkeit richtest. Hunde nehmen das sofort wahr und richten ebenfalls dahin ihren Fokus. Dorthin, wo du deine Aufmerksamkeit legst, folgt die des Hundes. Achte daher darauf, deinen Fokus in der Achtsamkeitsübung mit deinem Hund nie auf Außenreize zu legen, die dein Hund in Ruhe lassen soll, wie Jogger oder Spaziergänger.

Achtsamkeit erhöht deine Präsenz.

Du kannst die Übungen während des Spaziergangs mit deinem Hund nutzen, um grundsätzlich dein Stressniveau zu senken. Auch bei herausfordernden Situationen entfalten sie ihre ausgleichende Wirkung.

Stolperstein auf deinem Weg

Setze dich nicht unter Erfolgsdruck. Selbst solch eine bewährte Methode wie die der Achtsamkeit muss nicht sofort funktionieren oder überhaupt hilfreich sein. Gib dir ausreichend Zeit, um das vorgeschlagene Vorgehen auszuprobieren. Nur so wirst du erfahren, welcher Vorschlag dich unterstützt.

ACHTSAMKEIT NACH AUSSEN

In manchen Situationen ist es empfehlenswert, eine äußere Achtsamkeit zu praktizieren. Dies kann in einem sehr hohen Anspannungsniveau hilfreich sein – einfach, um sich selbst aus dem Fokus zu nehmen. Du wirst mit der Zeit ein gutes Gefühl entwickeln, welche Form der Achtsamkeit für dich passend ist

Nimm deine Umgebung bewusst wahr

Folgende Achtsamkeitsübung ist ein hilfreicher Begleiter.

- Konzentriere dich auf einen Gegenstand in deiner Umgebung: ein Baum, ein Strauch, ein Blatt ...
- Nimm alle Einzelheiten bewusst und in Ruhe wahr. Betrachte jedes Detail so interessiert, als ob du es zum ersten Mal sehen würdest.
- Wende dich nun deinem Gehör zu und nimm ganz bewusst die Geräusche in deiner Umgebung wahr.
- Im Anschluss kannst dich wieder einem Gegenstand deiner Wahl zuwenden.
- Spüre im Anschluss die beruhigende Wirkung dieser Übung.

Bei Anspannung hilft dir auch der Blick in die Weite.

- Richte deine Augen in die Ferne aus.
- Lass deinen Blick am Horizont schweifen. Gerade bei Stress und Anspannung verengt sich dein Sichtfeld, um sich ganz auf die Gefahr zu fokussieren. So arbeitest du gegen die Verengung, was entspannend wirkt.
- Halte den Kopf ruhig und nutze für die Wahrnehmung dein peripheres Sehen. So kannst du auch deinen Hund aus den Augenwinkeln beobachten.

Auch wenn andere Gedanken oder Emotionen sich häufig immer wieder in den Vordergrund spielen möchten, so pendle immer wieder beharrlich zurück zu deiner Beobachtungsaufgabe. Bewerte nichts, sondern nimm einfach nur wahr und genieße es, nur im Augenblick zu sein.

ACHTSAMKEIT NACH INNEN

Die innere Achtsamkeit lenkt die Aufmerksamkeit mehr auf dich. Das Außen tritt zurück und es fällt merklich leichter, dich davon abzugrenzen. Gerade wenn sich im Außen Herausforderungen befinden, kannst du dadurch dein Stressempfinden regulieren. Ich empfehle jedoch, solche Übungen immer wieder in den Alltag mit Hund einzubauen, auch dann, wenn gerade keine Herausforderung ansteht. Die Übungen sind sehr wohltuend für Körper und Geist.

Achtsamkeitsübungen sind nicht nur in der Natur, sondern auch im städtischen Umfeld sehr wirksam.

Auf die Atmung achten: Für manche ist es am hilfreichsten, die Achtsamkeit auf den eigenen Atem zu legen. Er ist dein Anker, um dich mit dem Hier und Jetzt zu verbinden. Die Atembeobachtung kannst du immer und überall einsetzen. Sei es im Wartezimmer beim Tierarzt, im Stehen oder Laufen. Sei der Beobachter deiner eigenen Atmung, beeinflusse sie nicht. Nimm wahr, ob du durch den Mund oder die Nase atmest, achte darauf, wo du überall deine Atmung wahrnehmen kannst: im Bauchraum, in der Brust, ein Luftstrom an der Nase. Nimm auch die kleinen Pausen zwischen Aus- und Einatmen wahr. Du kannst innerlich das Einatmen mit „Ein" kommentieren und das Ausatmen mit „Aus". Das allein beschäftigt dich ganz schön und lässt deine Emotionen und Gedanken abklingen.

Körperbereiche spüren: Ich selbst achte sehr gerne auf das Abrollen meiner Füße beim Laufen. Diese Wahrnehmung vermittelt mir gleichzeitig ein gutes Gefühl für meine Standfestigkeit und ich achte zeitgleich auf einen gleichmäßigen Takt meiner Füße. Gerade in herausfordernden Situationen merkt mein Hund sehr genau, ob mich etwas im wahrsten Wortsinn aus dem Takt bringt oder ich souverän weiterlaufe. Anderen hilft es mehr, sich auf ihren Schulterbereich und oberen Rücken zu konzentrieren. Sie verbinden damit eine gewisse Leichtigkeit, mit der sie durch die Situation gehen. Spüre jeder Bewegung nach, die du dort wahrnehmen kannst. Auch hier gilt: Probiere aus, was sich für dich am besten anfühlt.

Emotionen im Körper wahrnehmen: Du kannst auch auf deine Körperempfindung achten. Allerdings empfehle ich das erst, wenn du bereits Erfahrung mit den anderen Übungen gesammelt hast. Es ist ein bisschen schwieriger, seine eigenen Gefühle nur zu beobachten und sich nicht mitreißen zu lassen.

Sich auf die Körperempfindungen zu konzentrieren, eignet sich gut, wenn dein Puls in die Höhe schießt, da dein Hund gerade eine „Bombenidee" hatte. Bewerte und interpretiere diese Empfindung aber nicht. Am besten funktioniert das, wenn du sie nur nüchtern und sachlich, aber ganz exakt beschreibst: „Ich spüre ein Ziehen unterhalb des Bauchnabels. Ich nehme ein Kribbeln wahr, das in den Brustraum aufsteigt und auf Höhe der Schulter deutlich abnimmt."

EMOTIONEN BENENNEN

Emotionen lassen sich auch versachlichen, indem du sie nüchtern mit einem Oberbegriff versiehst und etikettierst: „Das ist Ärger." Studien belegen, dass allein der Vorgang, eine Emotion zu benennen, deren Wirkung deutlich reduziert. Du kannst diese auch kreativ und humorvoll etikettieren. So kann die „Wieder-mal-nicht-gehört-Emotion" sich etwas anders anfühlen als die „In-undefinierten-Dingen-gewälzt-Emotion". Man kann förmlich dabei zusehen, wie die Emotionen an Wirkung verlieren. Unsere Sinne sind nicht mehr von ihnen vernebelt und wir können unsere Gedanken wieder auf das Hier und Jetzt konzentrieren. Gelassenheit breitet sich im Körper aus.

Stolperstein auf deinem Weg

Bei herausfordernden Situationen mit unserem Hund machen wir uns ziemlich viele Gedanken, was andere über uns denken könnten. Wir sind mental bei den Gedanken des Gegenübers. Dann liegt unser Fokus bei dieser Person und wir messen dieser eine enorme Bedeutung zu. Natürlich nimmt unser Hund das wahr. Wir dürfen uns dann nicht wundern, wenn der Hund ebenfalls seinen Fokus daraufhin ausrichtet.

"

> Jeder Schritt bring dich ins Jetzt,
> in den einzigen Moment,
> in dem du tatsächlich lebst.
>
> Thich Nhat Hanh, vietnamesischer Mönch und Schriftsteller

Wie du deine EMOTIONEN regulieren kannst

DIE BESONNENHEIT STÄRKEN

Emotionen wollen uns eigentlich ein guter Ratgeber sein. Doch manchmal agieren sie etwas zu übereifrig. Dann wird es Zeit, sie zu regulieren und die Besonnenheit zu unterstützen.

„Wie herrlich, weiter so!“, jauchzt die Freude.
„Gefahr! Bring dich schnell in Sicherheit! Vermeide es! “, warnt die Angst.
„Löse dich von deinem ursprünglichen Ziel“, rät die Enttäuschung.
„Die anderen könnten negativ reagieren. Dann gehörst du nicht mehr dazu“, flüstert die Scham.
Gefühle stehen uns viel häufiger unterstützend zur Seite, als wir es oftmals annehmen. Gerade unangenehme Gefühle weisen uns auf ein Bedürfnis hin, welches gerade nicht erfüllt wird. Sie zeigen, was wir brauchen, was wir wollen oder was uns fehlt. Dann sind sie ein nützlicher Wegweiser. Angst und Sorge führen dann beispielsweise dazu, dass wir uns aufgrund unseres Sicherheitsbedürfnisses gut auf eine Situation vorbereiten, sie wenn möglich verändern oder gar meiden. Die Enttäuschung hilft, uns von einem Ziel zu lösen und die Aktivität in diese Richtung zu reduzieren. Die Scham sensibilisiert uns für die Meinungen anderer. Sie diente einst dazu, das Einhalten der sozialen Regeln in der Gemeinschaft zu fördern. Der Einzelne wurde davor geschützt, von der Gemeinschaft ausgeschlossen zu werden, denn nur in ihrem Schutz war ein Überleben möglich.

WENN EMOTIONEN UNS IM WEG STEHEN

Unsere Emotionen sind ein Erbe unsere Vorfahren. Du ahnst bereits, dass sie bei den Herausforderungen des modernen Menschen allzu häufig auch hinderlich sein können. Oft übertreiben die Emotionen es leider. Sie sind dann nicht mehr angemessen und in der Folge nicht hilfreich. Eine übermäßige Angst oder Sorge zum Beispiel kann uns lähmen, uns jegliche Handlungsfähigkeit rauben oder uns völlig kopflos werden lassen. Gerade in Situationen mit unseren Hunden nehmen wir unsere Emotionen häufig als wenig unterstützend wahr. Es ist daher wichtig, sie regulieren zu können. Unser Ziel ist dabei aber nicht, jegliche Emotionen auf null zu reduzieren. Es geht vielmehr darum, diese Emotionen anzuerkennen und die Gefühle bis zu einem hilfreichen Grad zuzulassen. Dann können wir die dadurch transportierte Information auch verarbeiten.

Schmiede deinen Emotionsanker

Du kannst in Situationen, in denen du dir mehr Gelassenheit wünschst, einen Emotionsanker einsetzen. Egal, welche Art von Emotion dich gerade aus der Balance bringt: Ankere im Hafen der Gelassenheit, um dann wieder souverän agieren zu können.

- Wähle ein Bild, das dir als Emotionsanker dienen soll. Dies kann ein Foto, eine Postkarte, ein mentales Bild oder auch das Cover dieses Buches sein.
- Betrachte das gewählte Bild oder stelle es dir vor deinem inneren Auge vor.
- Erinnere dich zeitgleich an Situationen, in denen du voller Gelassenheit und Zuversicht gewesen bist. Spüre nach, wie du dich damals gefühlt hast.
- Du kannst dir aber auch eine Situation mental erschaffen, in der du gelassen und zuversichtlich bist. Nimm auch hier deine Gefühle deutlich wahr.
- Wiederhole dies so häufig wie möglich: So entsteht eine Verbindung zwischen dem Bild und deiner gelassenen inneren Haltung.
- Rufe dein Bild mental auf. Mit der Zeit wirst du nun ein Gefühl der Gelassenheit in dir wahrnehmen. Dein Anker steht dir nun zur Verfügung.

Verwende deinen Anker nicht zu früh, sonst ist er nicht stabil genug, um dich in Balance zu halten. Beginne zunächst in wenig emotionsgeladenen Situationen, um seine Fähigkeiten auszuprobieren.

ALARMANLAGE VERSUS BESONNENER DENKER

Der Teil des Gehirns, den wir als besonnenen Denker bezeichnen, verarbeitet ankommende Reize analytisch. Dafür sorgt vor allem der präfrontale Cortex (PFC). Er legt eine angemessene Reaktion fest. Hier wird bewertet, ob der entgegenkommende Hund wirklich solch eine riesige Gefahr ist, wie die Amygdala, unsere Alarmanlage im Gehirn, uns glauben lassen will. Die Amygdala ist ein Hirnbereich, der auf blitzschnelle emotionale Reaktion ausgelegt ist. Er stammt aus Urzeiten, als dieses Verhalten zum Überleben notwendig war. Sekunden konnten den Unterschied machen, ob wir Beute machten oder zu solcher wurden. Die Ab-

sicht des Alarmzentrums, uns zu schützen, ist lobenswert, aber doch bitte nur vor echter Gefahr. Dieser alte Hirnbereich ist leider nicht in der Lage, das zu unterscheiden. Er macht eine Mücke zum Elefanten oder vielmehr einen anderen Hund zu einem Säbelzahntiger. Schon reagieren wir unangemessen emotional auf eine Herausforderung. Jeder von uns hat seine individuellen Stressoren mit dem Hund, die das Alarmzentrum in Aufruhr versetzen.
In einer Nanosekunde hat unser Hund begriffen, dass wir nicht mehr gelassen sind und daher keine klugen Entscheidungen treffen können. So wird er sich kaum mehr an uns orientieren können. Dann wird es Zeit, den besonnen Denker wieder ans Steuer zu holen, der für eine angemessen Reaktionen sorgt.

Der besonnen Denker ist der Hüter unserer Gelassenheit.

DEN DENKER AKTIVIEREN STUFE I

Es gibt aber gute Möglichkeiten, dem übereifrigen Alarmzentrum Einhalt zu gebieten. Durch die funktionale Magnetresonanztomographie (fMRT) können Wissenschaftler beobachten, wo es Veränderungen der Gewebedurchblutung gibt, die durch den Energiebedarf aktiver Nervenzellen hervorgerufen werden.

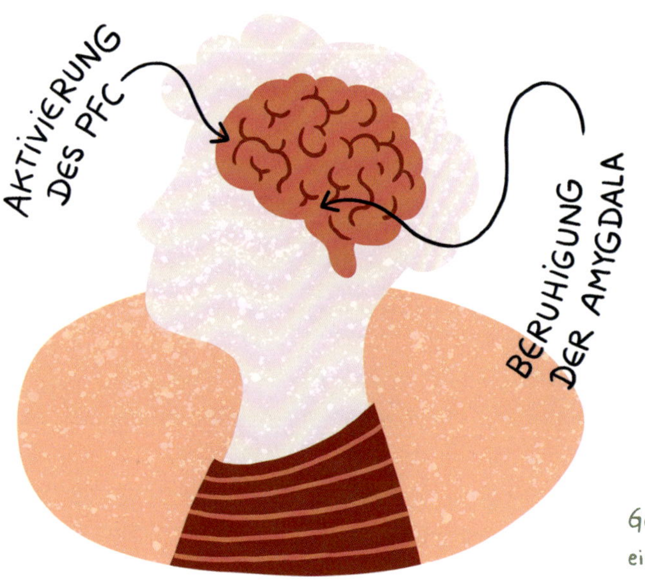

Gehirnareale hilfreich einsetzen

Dadurch können aktive Hirnregionen sichtbar gemacht werden. Viele Studien der letzten Jahre bestätigen: Wird die Amygdala, also das Alarmzentrum, aktiviert, fährt der präfrontale Cortex (PFC) runter. Wird der PFC aktiviert, fährt die Amygdala runter. Damit liegt die Lösung nahe: Wir müssen lediglich den PFC gezielt aktivieren, damit dieser wieder als besonnener Denker die Kontrolle übernehmen kann und die Amygdala beruhigt. Sobald du also von Emotionen überwältigt wirst, so kannst du den besonnenen Denker mit einer analytischen Aufgabe beschäftigen. Das klingt doch machbar.

Es gibt sicher zahlreiche Situationen, bei denen du übermächtige Emotionen jeglicher Art regulieren möchtest. Sei es vor einem hundesportlichen Wettkampf, wenn der Hund deinen Geduldsfaden ordentlich strapaziert oder du ein unliebsames Gespräch mit besserwissenden Passanten nicht verhindern kannst.

Ein Grundsatz sollte dich bei deinem Weg immer begleiten: Erwarte nichts vom Hund, was du auch nicht selbst leisten kannst. Wenn es dir noch nicht gelingt, in einer Situation Ruhe zu bewahren, so werde nicht ungehalten, wenn dein Hund diese Fähigkeit auch nicht hat. Es ist eine gemeinsame Aufgabe, die es zu bewältigen gilt.

Um den PFC analytisch zu beschäftigen, sind natürlich mathematische Aufgaben geeignet. Häufig liest man den Ratschlag, bei aufkommenden Emotionen von 10 auf 0 runterzuzählen. Wenn du das bereits ohne Erfolg probiert hast, liegt das daran, dass dies eine zu einfache Aufgabe ist, die den PFC nicht ausreichend aktiviert. Die gestellte Aufgabe darf also weder zu einfach noch zu schwierig sein. Du musst die Art der Rechenaufgabe an deine Kopfrechenkünste anpassen. Du kannst auch Wortakrobatik betreiben oder deine Umgebung nach bestimmten Formen oder Farben absuchen.

Die mentale Aktivierung des PFC funktioniert übrigens auch bei deinem Hund. Dies kannst du nutzen, wenn er übererregt ist oder sich fürchtet. Dämpfe die Aktivität der Amygdala deines Hundes zum Beispiel durch das Abfragen von Tricks oder anderen Übungen, die er sicher beherrscht. Dies funktioniert allerdings nur in einer mittleren Erregungslage. Nur da ist es noch möglich, die kognitive Denkstruktur des Hundes anzusprechen. Ist der Hund übererregt oder gar in Panik, greifen diese Maßnahmen nicht mehr. Hier kannst du nur versuchen die Situation zu verändern, um dadurch den Erregungsgrad zu senken. So kannst du beispielsweise die Distanz zum Auslöser erhöhen, wenn das möglich ist. Legt sich die Erregung dadurch etwas, so kannst du mit deinen Übungen fortfahren.

Übertrage deine gelassene Stimmung

Nehmen wir an, dein Hund hat Stress beim Tierarzt und du bist nur minder aufgeregt. Du wartest im Behandlungsraum auf den Arzt und möchtest deine Aufregung regulieren, um deinem Hund ein stabiler Anker zu sein. Wie könntest du deinen PFC gut beschäftigen? Buchstabiere zum Beispiel Gegenstände, die du erblickst, rückwärts: (M-.-R-G) E-H-U-H-C-S-D-N-A-H. Du kannst auch Flaschen gedanklich der Größe nach sortieren, nummerieren und dann willkürlich multiplizieren.

Wenn du diese Methode bei einer Hundebegegnung anwendest, so zähle jedoch bitte nicht die Punkte auf dem Regenmantel des entgegenkommenden Hundes. Damit legst du den Fokus indirekt wieder auf den Hund. Wir wollen das Gegenteil erreichen. Nutze Dinge, die in deiner gewählten Laufrichtung liegen, am besten leicht abgewandt vom Außenreiz. Zähle alle Blüten, die du dort wahrnehmen kannst, halte die Augen auf nach allem, was grün ist, oder suche gleiche Blattformen.

Regulierst du deine Emotion, so entspannt sich auch dein Hund. Gleichzeitig unterstützt dich ein gelassener Hund dabei, ruhig zu bleiben. Man spricht dann von einer Stimmungsübertragung.

Stolperstein auf deinem Weg

Manchmal passiert es, dass du vor Konzentration auf deine analytische Aufgabe vergisst, dein gleichmäßiges Lauftempo beizubehalten oder du gar stehen bleibst. Schmunzle darüber, wenn du es bemerkst, und versinke beim nächsten Mal nicht zu sehr in dieser Aufgabe.

DEN DENKER AKTIVIEREN STUFE II

Die Aktivierung des PFC allein ist schon ein sehr wertvolles Werkzeug. Doch du kannst die Wirkung nochmals steigern. Beim Hundetraining erhöhst du in kleinen Trainingsschritten zunehmend die Ablenkung, um ein Verhalten stabil aufzubauen. Ähnlich funktioniert das auch bei dir selbst. Erhöhe zunehmend den Stress, um die Aktivierung des Denkers auch in solchen Situationen sicher abrufen zu können.

- Wähle stressauslösende Situationen, wie zum Beispiel eine kalte Dusche, eine laute Umgebung oder Menschenmengen.

- Sortiere diese nach deinem individuellen Stressempfinden von leicht zu hoch.
- Führe in diesen Situationen deine Aktivierung des PFC durch.
- Atme stets ruhig und entspannt weiter.
- Steigere zunehmend das Stressniveau der Situationen, in denen du übst.
- Alternative: Du kannst dir eine herausfordernde Situation auch nur vorstellen und währenddessen deinen Denker aktivieren. Auch das hat einen Effekt.

Wenn du das immer wieder übst, wird etwas Geniales passieren: In einer stressigen Situation mit deinem Hund benötigt dein Körper nur noch einen kleinen gedanklichen Impuls von dir und er springt automatisch um auf eine regulierende Antwort auf den Stress. Die ruhige Atmung und beispielsweise das Rechnen werden als Standardprogramm abgespult. Routine gibt Sicherheit und Raum für Gelassenheit. Der Stress hat bei Weitem nicht mehr die Macht über dich wie früher.

VAGUSNERV: HILFREICHER VAGABUND

Der *Nervus vagus*, bekannt als Vagusnerv, ist der zehnte unserer zwölf Hirnnerven. Seinen Namen hat er, da er durch seine große Ausbreitung als Vagabund einen Großteil unseres Körpers durchzieht. Er besteht aus Tausenden von Nervenfasern, beginnt im Gehirn und reicht fast bis in alle Organe.

Den Vagusnerv kann jeder aktivieren

Der Vagusnerv ist dafür bekannt, das parasympathische Nervensystem zu aktivieren, was zu einer Entspannungsreaktion führt. Er ist Teil des autonomen Nervensystems. Der Name zeigt es bereits an: Wir können ihn leider nicht bewusst beeinflussen. Dass es trotzdem möglich ist, ihn zu aktivieren, liegt an einer Besonderheit: Manche Hirnnerven besitzen motorische und parasympathische Fasern. Das bedeutet: Jedes Mal, wenn wir diese Hirnnerven motorisch aktivieren, stimulieren wir über diesen Umweg praktischerweise auch den Vagusnerv. Hilfreich sind uns hier der siebte und neunte Hirnnerv. Ersterer bewegt einen Teil der mimischen Muskulatur. Der neunte Hirnnerv ist aktiv, wenn der Kehlkopf vibriert. Dadurch ergeben sich zwei wirkungsvolle Stimulationen des Vagusnervs, die auch in unserem Alltag mit Hund gut anwendbar sind.

Aktiviere deinen Vagusnerv

Der Mediziner Prof. Gerd Schnack entwickelte eine Methode, die dir im ersten Moment seltsam erscheinen mag, aber es lohnt sich auf jeden Fall, sie auszuprobieren.

Beim Ausatmen kannst du eine Vibration des Kehlkopfes erzeugen, indem du dem ausfließenden Luftstrom einen Widerstand im Kehlkopfbereich entgegensetzt. Was sich schwierig anhört, erklärt Prof. Schnack anschaulich: Man solle einfach wie eine Katze schnurren und schon würde man die Entspannung spüren. Auch Summen, das man im gesamten Brustraum wahrnimmt, sei möglich, um ein Vibrieren des Kehlkopfs zu erreichen. Die Buchstaben M, A und U eignen sich gut dafür. Singen stimuliert in ähnlicher Art und Weise. Ein guter Grund, in Zukunft auch mal summend, brummend und singend beim nächsten Spaziergang durch den Wald zu laufen.

Wenn du lieber ungehört deinen Runden drehst, so kannst du deinen 9. Hirnnerv auch durch Zungengymnastik stimulieren. Rolle dafür einfach deine Zunge ein und drücke sie gegen den oberen Gaumen. Das reicht schon aus.

Zur Aktivierung des 7. Hirnnervs bewegst du die Kopfhaut samt Ohren. Eine kleine clowneske Einlage, die aus der Distanz aber kaum auffällt. Probiere es aus, deinen Vagusnerv zu aktivieren. Er ist ein äußerst hilfreicher Komplize auf unserem Weg zu mehr Gelassenheit.

Stolperstein auf deinem Weg

Bestimmt wartest du bei Beginn dieser Übungen oft ungeduldig darauf, wann denn endlich die Entspannung einsetzt. Aber damit aktivierst du wider Willen den Sympathikus – den Gegenspieler der Gelassenheit. Erwarte also nicht die Wirkung, sondern lass es einfach geschehen, auch wenn das gerade am Anfang schwerfallen kann.

ALTBEWÄHRT: DIE ATMUNG

Was in der indischen Medizin schon Jahrtausenden bekannt ist, wird von zahlreichen Untersuchungen bestätigt: Mit der Atmung können wir selbst beeinflussen, ob wir entspannter oder angespannter werden. Mit dem Ausatmen stimulieren wir den Parasympathikus, der für unsere Entspannung bedeutsam ist. Das Atemzentrum läuft zwar autonom, aber kann von uns bewusst wahrgenommen und gesteuert werden.
Wir atmen über die Nase ein. Dabei werden die Nasenflügel durch den Sog angesaugt und etwas schmäler. So wird das Einatmen verlangsamt. Wir atmen sacht ein, denn ein zu festes Einatmen würde den Sympathikus aktivieren. Das Einatmen geht zunächst leicht, dann spüren wir zunehmend einen Widerstand. Wir beachten diesen Punkt und lassen das Einatmen langsam ausklingen. Im Idealfall lassen wir den Atem auch über die Nase ausströmen. Wenn das schwerfällt, können wir beim Ausatmen über den Mund die sogenannte Lippenbremse nutzen. Gerade in Momenten der Anspannung ist das hilfreich. Bei der Lippenbremse sind die Lippen minimal geöffnet. Durch diesen Widerstand kann der Atemstrom langsam ausströmen. Nach dem langsamen Ausatmen tritt ein Entspannungsprozess ein. Erreicht der Kohlendioxidgehalt im Blut einen bestimmten Wert, wird ein neuer Reflex zum Einatmen gegeben.

ATEMMUSTER FÜR MEHR GELASSENHEIT

Für eine entspannende Wirkung wird die Atmung entschleunigt. Dabei ist es wichtig, länger aus- als einzuatmen. Im Idealfall dauert die Ausatmung in etwa doppelt so lang wie die Einatmung.

- Atme ein und zähle auf vier.
- Achte darauf, dass sich deine Bauchdecke beim Einatmen hebt. Nur durch die Bauchatmung kann sich aufgrund der Zwerchfellbewegung der entspannende Effekt einstellen.

- Halte den Atem an und zähle auf zwei.
- Atme aus und zähle auf acht. Fällt das am Anfang schwer, so kannst du auch nur auf sechs zählen.

Bereits die Konzentration auf das Zählen unterstützt die Regulation deiner Emotionen. Auch wenn es vielleicht am Anfang verwirrend ist, so schafft das Zählen ein gutes Bewusstsein für die Atmung. Mit der Zeit wirst du dein Atemmuster finden, das sich ganz natürlich und rhythmisch anfühlt. Der Atem soll dabei frei fließen. Du kannst die Atemübung jederzeit auf Spaziergängen einbauen, gerade im Wald. Dieser filtert einen Großteil der Luftschadstoffe und zudem finden sich dort sogenannte Terpene. Diese werden vor allem von Nadelbäumen abgegeben und haben beim Einatmen positive Effekte auf das menschliche Wohlbefinden.
So individuell der Weg zu mehr Gelassenheit ist, die Atmung sollte immer ein wichtiges Teilstück sein.

Der Atem verbindet Körper und Geist.

Nutze dein neues Atemmuster

Du kannst die Atmung nutzen, um dein Erregungsniveau in herausfordernden Situationen zu regulieren. Nimm die Situationen wahr, in denen deine Anspannung steigt. Für so manchen sind das die Schritte an der Haustür, bevor es klingelt, das Anleinen, wenn ein anderer Hund oder ein Fahrradfahrer auftaucht, für andere der Moment, wenn sie die Autotür öffnen, um den Spaziergang mit dem Hund zu beginnen. Solche Situationen führen dazu, dass sich die Atmung verändert. Sie wird flacher und schneller. Die sogenannte Stressatmung setzt ein. Diese versetzt dich in die Lage zu kämpfen oder zu fliehen. Dafür bleiben Gelassenheit und überlegtes Denken auf der Strecke.

Sobald sich deine Stresskurve nach oben bewegt, sei es steil oder flach, konzentrierst du dich ab sofort auf deine Atmung. Es ist unmöglich, gleichzeitig ruhig zu atmen und aufgeregt zu sein. Über die Art der Atmung kannst du deinen Körper entspannen. Atme bewusst in den Bauch und immer länger aus als ein. Atme mindestens zwei Minuten in deinem Rhythmus. Jedes Mal. Wirklich jedes Mal, sobald du eine Anspannung in deinem Körper wahrnimmst. Je nach Häufigkeit des Trainings, wird sich nach etwas 2–3 Wochen etwas Bemerkenswertes verändern. Du rutschst bei Anspannung nicht mehr unbemerkt in die Stressatmung. Somit bist du in der Lage, auch in herausfordernden Situationen ruhig zu atmen und in der Folge gelassener zu bleiben.

Stolperstein auf deinem Weg

Neue Atemmuster dürfen sich zwar zunächst ungewohnt anfühlen, aber es darf dir dabei keinesfalls schwindlig werden oder zu einer Atemnot kommen. Ändere dann dein Atemmuster auf ein für dich angenehmes Schema.

"

Das achtsame Atmen ist mein Anker
im Hier und Jetzt.

Thich Nhat Hanh, vietnamesischer Mönch und Schriftsteller

SCHÜTZENDE SÄTZE

In manchen Situationen möchtest du am liebsten die Situation verlassen und Abstand gewinnen, da du von unangenehmen Emotionen überwältigt wirst. Abstand bedeutet Schutz. Das ist natürlich nicht immer praktikabel. Aber du kannst genauso gut mental auf Abstand begeben. Emotionen können dann nicht mehr solch eine Macht entfalten und es gelingt dir leichter, dich vor ihnen zu schützen. Die Gelassenheit darf bleiben. Das ist in der Arbeit mit deinem Hund sehr nützlich. Es handelt sich auf den ersten Blick vermeintlich nur um Sätze und Satzanfänge. Doch die Wirkung ist verblüffend.

„DEIN HUND MACHT DAS VERHALTEN NICHT GEGEN DICH, SONDERN FÜR SICH."

Das Verhalten deines Hundes richtet sich nicht gegen dich und dient nicht grundsätzlich dem Ziel, dich in Frage zu stellen. Damit wird es möglich, das Verhalten deines Hundes nicht mehr persönlich zu nehmen und das ändert viel! Es ist kein Druck mehr da, gegen den du Gegendruck aufbauen musst. Dein Hund handelt für sich. Für seine eigenen Ziele, die er, je nach Hund, mit unterschiedlicher Konsequenz verfolgt. Du bist nicht länger der vermeintliche Gegner. Der belastende Konflikt in deinem Kopf samt den unangenehmen Gefühlen kann sich auflösen. Das gibt dir Raum, die gesamte Thematik durch die neu gewonnene Distanz mit deutlich mehr Gelassenheit zu bearbeiten. Du kannst deinen Blick nun darauf richten, warum dein Hund sein Ziel überhaupt so vehement verfolgt. Dein Interesse ist nicht mehr, dem eingebildeten Druck des Hundes standzuhalten, sondern die Ursache seines Verhaltens zu ergründen und ihm zu helfen.

„DAS IST DEINE WELT, NICHT MEINE."

Auch dieser Satz macht es leichter, gelassener zu bleiben, wenn dein Hund sich für dich herausfordernd verhält. Sein Verhalten hat in dieser Sekunde nichts mit dir und deiner Welt zu tun. Es ist ganz allein sein Thema. Eure Welten überschneiden sich in diesem Fall nicht. So bist du deutlich weniger emotional involviert, da es dich im wahrsten Wortsinn nicht berührt. Du erhältst die notwendige Distanz. Mit diesem emotionalen Abstand gelingt es dir besser, mit deinem Hund angemessen und souverän zu agieren, als wenn du aus persönlicher Betroffenheit, Wut oder Frust handelst. Alternativ kann hier auch die innere Haltung helfen: „Diesen Hund an meiner Leine kenne ich nicht …", gerade in den Sekunden, wenn er sehr energetisch agiert. Dieses Vorgehen fußt darauf, dass du im Allgemeinen das Fehlverhalten von fremden Hunden deutlich weniger schlimm einstufst als das deines eigenen Hundes. Mach dir deinen eigenen Hund zumindest kurzzeitig zu einem Fremden. Welch wohltuender Abstand. Du kannst aufgrund deiner distanzierten Haltung viel gelassener auf ihn eingehen und ihn unterstützen.

Emotionen auf Distanz halten

„THIS TOO SHALL PASS."

Dieser hilfreiche Satz geht auf eine alte Geschichte zurück: Ein König beauftragte einen weisen Mann, ihm einen Ring zu fertigen, der ihn in traurigen Momenten glücklich machen sollte. Er erhielt diesen Ring, der folgende Inschrift trug: „This too shall pass"– „Auch das wird vergehen."

Gelassenheit kann einziehen, wenn du das, was gerade passiert, auch wieder ziehen lässt. Es wird vorbeigehen. Egal, ob du gerade etwas Positives oder Negatives erlebst. Auch wenn du gerade eine schwierige Phase hast, so weißt du, dass auch dieser Abschnitt ein Ende finden wird. Auch das wird vergehen. Das allein ist schon eine hilfreiche Botschaft.

Doch der Satz lässt sich noch tiefgründiger auflösen. Mit der zuvor beschriebenen Haltung solltest du die schönen Momente mit deinem Hund verbringen. Dann wirst du achtsamer mit diesen umgehen. Du lässt los, wenn diese vergangen sind. Behalte sie als schöne Erinnerung.

Es gelingt dir oft zu akzeptieren, dass etwas Angenehmes vorbei ist. Ganz anders hingegen verhält es sich bei unangenehmen Situationen mit deinem Hund. Da gelingt das deutlich schlechter. Hier klammerst du dich oft mit aller Kraft an das Vergangene. Wie eine dichte, graue Wolke liegt die Erinnerung daran lange über dir und belastet dich emotional. Doch bindest du dich auch so stark an vergangene positive Ereignisse? Naheliegend und hilfreich ist es, diese negativen Momente genauso schnell wie die positiven loszulassen, sobald die unangenehme Situation vorbei ist. Der Satz unterstützt dich, wenn dich nach solchen Situationen unangenehme Gefühle nicht mehr loslassen wollen. Gehe mit positiven wie negativen Momenten gleichwertig um. So findest du schneller wieder zurück auf den Weg der inneren Balance und Gelassenheit.

„ICH HABE DAS GEFÜHL, DASS …"

Diese sehr einfache Methode hat einen Sofort-Effekt. Je mehr Raum du zwischen dich und deinen Emotionen bringen kannst, umso geringer wird deren Einfluss auf dich sein. Nutze diese Methode, sobald du negative Emotionen wahrnimmst. Wenn diese sich wie Kaugummi an dich heften, so löse dich einfach sprachlich von ihnen:

„Ich habe Sorgen" → „Ich habe das Gefühl, dass ich Sorgen habe.

„Ich werde versagen" → „Ich habe den Gedanken, dass ich versagen werde."

Spüre die Wirkung der unterschiedlichen Formulierungen.

Nimm wahr, sobald unangenehme Gefühle in Zusammenhang mit deinem Hund auftauchen. Setze dann einfach: „Ich habe das Gefühl, dass ..." oder „Ich habe den Gedanken, dass ..." davor. Du trittst damit einen Schritt zur Seite und das Gefühl kann dich nicht mehr mit seinem Inhalt infizieren. Du bist nicht der Gedanke! Du benennst den Gedanken damit nur. Auch folgende Alternative leistet gute Hilfe: „Mein Verstand informiert mich gerade, dass ich das Gefühl habe, dass ..."

Die ergänzende Formulierung: „Das ist ja interessant, was ich da wahrnehme" verstärkt den Effekt. Experimentiere mit den verschiedenen Formulierungen. Deine Erfahrung wird zeigen, welche dich am besten unterstützt.

PUH, GESCHAFFT! DER ARME HUND ...

Eine herausfordernde Situation mit dem Hund ist überstanden, wir fühlen uns jedoch noch sehr aufgewühlt. Es ist nicht immer einfach, die Balance wiederzufinden. Häufig belastet uns noch viel mehr, dass unser Hund das Erlebte in unseren Augen noch nicht richtig verarbeitet hat.

DEIN HUND – DEIN VORBILD

Ehrlich gesagt sind wir es im Nachgang oft selbst, die den Hund aus der Balance bringen. Mehr als es das Ereignis selbst getan hat. Das Gefühl, dass der Hund sehr mitgenommen sein muss, spielt sich nämlich in 99 % der Fälle nur in unserem Kopf ab. Es ist unsere Wahrheit, nicht die des Hundes. Doch dadurch verhalten wir uns unbewusst dementsprechend, was unseren Hund dazu bringen kann, sich wiederum seltsam zu verhalten. Und das löst in uns das Bedürfnis aus, den Hund irgendwie wieder in Balance bringen zu müssen. Ein ungünstiger Kreislauf entsteht. Natürlich gibt es traumatisierende Ereignisse für den Hund. Diese sind aber weitaus seltener, als wir das vermuten.

Unsere Hunde sind Meister darin, im Hier und Jetzt zu leben. Wir wollen die Fähigkeit erlangen, das besser zu beherrschen, und sprechen sie unserem Hund in zu vielen Momenten ab. Eigentlich ist es uns doch ein Anliegen, hundeorientiert zu denken, aber wie oft stülpen wir unseren Hunden unsere menschliche Gedankenwelt über? Seltsame Reaktionen unseres Hundes haben also meist nicht das Geschehene als Ursache, sondern unseren menschlichen Umgang damit. Wir hadern mit unserer falschen Reaktion, wir durchdenken, wir sorgen uns, wir spulen das Geschehene in Dauerschleife ab und bewerten dabei reichlich. Unser Grübeln vermittelt uns die Illusion von Kontrolle.

Allein unsere Reaktionen setzen oft ungute Lernmuster in Gang – sowohl bei uns selbst als auch bei unseren Hunden. Warum fällt es uns nur so schwer, unsere Hunde als gute Lehrmeister wahrzunehmen?

Stolperstein auf deinem Weg

Beobachte deinen Hund. Hat ihn eine Situation tatsächlich nachhaltig beeinflusst, so ist es wichtig, dass du für ihn ein stabiler Anker bist. Sei für ihn da, aber beweise deinen souveränen Umgang mit der Situation, indem du nicht mental in dieser verhaftet bleibst.

Hunde leben im Hier und Jetzt

Orientiere dich an deinem Hund

Überlege, ob es an der herausfordernden Situation irgendeinen Aspekt gab, bei dem du zufrieden mit dir oder deinem Hund gewesen bist. Allein solch eine analytische Betrachtung hilft dir schneller, wieder gelassener zu werden. Finde die positiven Mikromomente! Das kann der kleine Blick deines Hundes gewesen sein, bevor etwas ordentlich schieflief.

Wende dich nach solch einem Ereignis mental deinem Hund zu. Vielleicht hat er sich bereits abgeschüttelt und dadurch die durch den Stress verkrampften Muskeln gelockert. Falls dir auch danach ist. Nur zu! Beobachte, was dein Hund gerade im Sinn hat. Mit großer Wahrscheinlichkeit wird er sich nicht hinsetzen, zu grübeln beginnen, und emotional in der vergangenen Situation verhaftet sein so wie du. Vielmehr wird er sehr präsent im Augenblick sein. Interessiert er sich für einen duftenden Grashalm oder trabt er zufrieden mit dem Geruch des Waldes in der Nase den Weg entlang? Sollten dich Emotionen zu sehr belasten, so betrachte einfach deinen Hund. Er ist gerade im Hier und Jetzt. Nimm ihn als Vorbild. Deine unangenehme Emotion hat keine Grundlage mehr, ihr Ursprung liegt wahrscheinlich im Gestern oder Morgen. Nun kann Gelassenheit einkehren.

ALLES IN ORDNUNG?

Oft sehen wir uns nach einer belastenden Situation danach, ein „Es-ist-alles-wieder-gut-Gefühl“ herzustellen. Damit wollen wir überprüfen, ob unser Hund das alles gut überstanden hat und ob mit unserer Beziehung alles in Ordnung ist. Doch es gibt Möglichkeiten, schneller wieder in deine Balance und Gelassenheit zurückzukehren, auch wenn dein Hund das vielleicht gar nicht so braucht wie du.

Um deinen Hund wieder ins Gleichgewicht zu bringen, ist kein kompliziertes Vorgehen notwendig. Es reicht aus, auf gut eingespielte Routinen zurückzugreifen. Zum einen können die auch nach stressbehafteten Situationen gut abgerufen werden, zum anderen vermitteln Routinen allen Beteiligten schnell wieder ein Gefühl der Sicherheit. Das funktioniert am besten mit Tricks oder Übungen, die dein Hund sicher beherrscht. Gleichzeitig wird so auch bei euch beiden der besonnene präfrontale Cortex aktiviert und die Amygdala kann sich beruhigen.

- Sortiere die Übungen mit deinem Hund danach, wie energetisch diese sind.
- Beginne mit der Übung mit der höchsten Aktivität.

- Arbeite dich dann hin zur vermeintlich langweiligsten Übung. Damit regulierst du die Erregungslage deines Hundes. Beginne zum Beispiel mit „Drehen um die eigene Achse“, danach folgt eine Nasenarbeit wie eine Futterstücksuche und ende mit einer stationären Übung wie „Sitz“ oder „Pfote geben“.
- Achte währenddessen darauf, dass du ruhig und langsam atmest.
- Setzt aus dieser Ruhe heraus euren gemeinsamen Weg fort.

DEM HUND IN DEN MUND GELEGT

Das ist eine meiner Lieblingsmethoden. Sie ist zugegeben recht speziell und funktioniert durch den humoristischen Effekt der Übertreibung. Spannungen können sich dadurch gut auf mentaler und körperlicher Ebene lösen. So gelingt es leichter, in die Gelassenheit zurückzufinden.
Stelle dir vor, du könntest in einer Situation, die dich emotional beeinflusst, deinen Hund sprechen hören. Vielleicht vermutest du Aussagen wie „Verschwinde, komm mir nicht zu nahe!“, „Hier kommt keiner rein“, „Ich komme doch nicht, wenn Du mich rufst“ oder „Du hast mir gar nichts zu sagen!“. Würdest du diese Sprechblasen wie im Comic noch mit entsprechenden Symbolen verzieren, so kämen wohl reichlich Blitze, Totenköpfe und herausgestreckte Zungen zum Einsatz. Auch wenn du diese nie bewusst so formuliert hast, so schwingen die Inhalte dieser Sprechblasen unbewusst in herausfordernden Situationen mit. Sie lösen Druck und Anspannung und nicht selten auch Widerstand aus.

Wir wählen, wie humorvoll wir unsere Hunde mit uns reden lassen.

GESTALTE NEUE SPRECHBLASEN

Bei dieser Methode ersetzt du die Sprechblasen durch neue. Diese sind nun, trotz der herausfordernden Situation, geprägt von maßlosen Übertreibungen, einer guten Portion Humor und viel Zuneigung zu deinem Hund. Dabei hilft es, dir bewusst zu machen, dass dein Hund in aller Regel nicht aus Bösartigkeit heraus handelt, sondern in seiner Welt sehr gute Gründe für sein Verhalten vorweisen kann. Dann legst du diese neuen Worte deinem Hund in den Mund und staunst über die veränderte Wirkung, die die neuen Äußerungen nun in dir auslösen.

Aus „Verschwinde, komm mir bloß nicht zu nahe!“ kann ein „Schau mal, wie laut ich bellen kann. Ich bin määächtig gefährlich“ oder „Ich bin der lauteste Angsthase der Welt“ werden. Aus „Ich komme doch nicht wenn Du rufst!“ wird vielleicht ein „Mal gucken, was du machst, wenn ich nicht komme. Das ist immer total lustig, was du dir einfallen lässt.“ Und das scharfe „Du hast mir gar nichts zu sagen!“ verwandelt sich bei entsprechendem Humor zu „Du bist nicht meine wirkliche Mama!“.

Musst du schmunzeln? Prima, dann könnte diese Methode etwas für dich sein. Probiere es einfach aus. Du wirst entspannter, ruhiger und du nimmst das Verhalten deines Hundes vielleicht auch nicht mehr ganz so ernst oder gar persönlich. Du „antwortest“ deinem Hund weicher und gelassener. Dadurch kannst du eine wirkliche Unterstützung für deinen Hund und seine Bedürfnisse sein. Du kannst diese Methode auch nach herausfordernden Situationen einsetzen, um mit einem Schmunzeln schnell wieder im Hier und Jetzt anzukommen.

Die Erfahrung zeigt aber leider auch, dass es auch Hundehalter gibt, die ihren Hund zu wenig ernst nehmen. In diesem Fall kannst du die Methode einfach auf den Kopf stellen und deinem Hund eben ernsthaftere Worte in den Mund legen. Ein „Nimm mich endlich ernst. Bitte!“ formuliert wahrscheinlich gut das Anliegen einiger Hunde in unserer Gesellschaft.

Stolpersteine auf deinem Weg

Achte bitte dennoch darauf, dass du in der Kommunikation mit deinem Hund trotz allen Humors deine souveräne Ausstrahlung nicht verlierst. Dir ist nicht geholfen, wenn du durchaus ernsthafte Absichten deines Hundes durch diese Methode unterschätzt. Suche dir professionelle Unterstützung, wenn du unsicher bist. Meist ist es jedoch so, dass wir Situationen ernster nehmen, als sie tatsächlich sind. Ein oder zwei Prisen Humor haben da meist noch nicht geschadet.

”

> Alles hat drei Seiten: Eine positive, eine negative und eine komische.
>
> Karl Valentin, deutscher Schriftsteller und Schauspieler

ÄUSSERUNGEN VON FREMDEN

„Oh, schade, dass das mit der Hundebegegnung noch nicht so gut geklappt hat. Aber ich habe bei Ihnen schon richtig gute Ansätze gesehen. Weiter so!“
„Ihr Hund möchte keinen Kontakt? Das verstehe ich. Ich finde es prima, dass sie so gut auf Ihren Hund aufpassen.“
Solche Äußerungen von Fremden während unseres Spaziergangs mit unserem Hund wären ein Traum? Zugegeben: Ja! Denn häufig ist leider das Gegenteil in den Wäldern, Feldern und auf den Straßen der Fall. Unangenehme Äußerungen von Fremden führen bei manchen Hundehaltern lediglich zu Kopfschütteln. Doch viele von uns können das nicht so leicht abtun. Sie fühlen sich tief im Inneren getroffen. Da wird uns Kompetenz abgesprochen, wenn wir die Situation mit unserem Hund (noch) nicht gut bewältigen können. Dabei ist die inhaltliche Spanne der Ratschläge enorm. Ein Klassiker ist auch, dass unsere Ablehnung nicht respektiert wird, wenn wir unseren Hund nicht mit einem anderen Hund kontakten lassen möchten.
Wir müssen uns zunächst bewusst machen, dass es doch eigentlich nicht möglich sein sollte, dass eine fremde Person so in unseren Emotionszustand eingreifen und solch negative Gefühle auslösen kann. Wir haben nicht die Kontrolle, wie fremde Personen mit uns umgehen, aber darüber wie wir damit umgehen. Wir sind also selbst dafür zuständig und haben es in der Hand, die Gelassenheit auch in solchen Situationen zu bewahren.

Fremde Personen sollten nur einen begrenzten Einfluss auf unsere Emotionen haben.

TYPISCHE HERAUSFORDERUNGEN MEISTERN

So manche Begegnung hält einen ganzen Berg an Herausforderungen bereit. Auch für diese gibt es hilfreiche Maßnahmen, um diesen gelassen begegnen zu können.

DU FÜHLST DICH PERSÖNLICH GETROFFEN

Daraus ziehst du den Schluss: Das Gegenüber hat dich somit auch in irgendeiner Form persönlich angegriffen. Kann das aber tatsächlich sein? Es lohnt sich ein genauerer Blick, um diese Fehlannahme zu entlarven. Die andere Person kennt dich doch gar nicht. Für sie ist lediglich dein Äußeres sichtbar und zudem eine

Bei sich zu sein bewahrt vor äußeren Einflüssen

Momentaufnahme deines Verhaltens. Damit ist schon bewiesen, dass diese Person dich gar nicht auf einer persönlichen Ebene kennen und damit persönlich tief treffen kann. Sie zielt und trifft nur auf einen minikleinen Teil deines äußeren Verhaltens. Das kann dich nicht tief verletzten. Du hast einen minimalen Kratzer, mehr aber auch nicht.

DU HÄLTST DICH FÜR DEN AUSLÖSER DES VERHALTENS

Die Gründe für das Verhalten der anderen Person liegen allein in dieser selbst. Du hast das nicht entfacht. Die kurze Begegnung mit dir kann in einem Menschen ein unangemessenes Verhalten nicht plötzlich einpflanzen. In dieser Situation bist du nur das Ventil, das nun etwas nach außen lässt, was diese Person bereits länger in sich trägt.

SO KANN MAN SICH DOCH NICHT BENEHMEN!

Oftmals hast du Gedanken wie „Wie kann sie nur …?“, „Er darf doch nicht …“. Ändere diese Gedanken ganz im Sinne der Akzeptanz: „Ich akzeptiere, dass mein Gegenüber sich nicht so verhält, wie ich es mir wünsche.“ Damit löst du den Widerstand gegen die andere Person auf, die sich in deinen Augen anders verhalten sollte. Auch die anderen haben das Recht, sich so zu verhalten, wie sie es möchten und für richtig befinden. Du kannst sie nicht zwingen, sich an ihre gute Kinderstube zu erinnern. Auch nicht, sich an Gesprächskonventionen oder gar an Recht und Gesetz zu halten
Es liegt nicht in deiner Verantwortung, andere Menschen dahin zu erziehen oder für diesen Augenblick zu verändern. Du hast keinen Anspruch, dass die Realität oder auch andere Menschen sich deinen Erwartungen anpassen. Welche Erwartung du hast, das wiederum liegt in deiner Verantwortung. Die anderen dürfen bleiben, wie sie sind, aber du fühlst dich viel gelassener.

DU KANNST DICH NICHT ABGRENZEN

Sei einfach wie eine Teflon-Hülle. Manch einem hilft die schnelle Visualisierung, solch eine Hülle auch gleich über den gesamten Körper zu ziehen, sobald man auf das entsprechende Gegenüber trifft. Andere nutzen lieber das Bild, sich ein dickes Fell überzuziehen. Was auch immer du nutzen möchtest, schnell hast du dich nach der Begegnung wieder herausgeschält. Die schlechte Stimmung, die erzeugt wurde, packst du mental auch gleich in den unsichtbaren Rucksack deines Gegenübers. Die darf er behalten.

DU WEISST NICHT, WAS DU ANTWORTEN SOLLST

Auch die Sprachlosigkeit kennen viele Hundehalter, die sich bei manchen Äußerungen des Gegenübers oft lähmend über uns legt. Diese gilt es zu überwinden, ohne sich zu stark emotional einzubinden. Bewährte Antworten helfen. Sei dabei freundlich und ohne jegliche Aggression, nichts entwaffnet das Gegenüber mehr.

„Wie ich manchmal“: Wenn du weißt, dass du selbst vielleicht in manchen Situationen nicht immer den passenden Ton triffst, so kann dieser (gedachte) Satz aufkommende Emotionen schnell abkühlen. Mit dieser versöhnlichen Äußerung ziehst du lächelnd weiter und überlegst, wann du selbst das letzte Mal vielleicht ein bisschen über das Ziel hinausgeschossen bist.

„Ich bin gerade im Training“: Wenn du deinen Hund nicht mit anderen Hunden kontakten lassen möchtest, so hat sich bewährt darauf hinzuweisen, dass du gerade trainierst, damit dein Hund nicht jeden sofort begrüßt. Wende dich nach dieser Information wieder von deinem Gegenüber ab. Richte deine Aufmerksamkeit auf die Arbeit mit deinem Hund oder gehe deines Weges. Das Argument, im Training mit dem Hund zu sein, ist ein Thema, das erfahrungsgemäß etwas häufiger akzeptiert wird, als wenn du eine Ich-Botschaft wie „Ich möchte das nicht“ formulierst.

„Aha. Tut mir leid, im Moment habe ich keine Zeit“: Durch diese Antwort hältst du einen gewissen Grad an Höflichkeit ein, dein Gegenüber nicht zu ignorieren, bist aber weder ablehnend noch verteidigend. Du vermeidest damit jegliche Interaktionen.

Stolperstein auf deinem Weg

Solche Begegnungen kennen viele Hundehalter. Sie dürfen dich nicht zu sehr belasten. Ich möchte dich ermuntern, dich nach unangenehmen Begegnungen schnell wieder zu öffnen für die zahlreichen positiven Eindrücke und Begegnungen, die die Welt da draußen zu bieten hat.

”

> Nehmen Sie die Menschen wie sie sind.
> Andere gibt es nicht.
>
> Konrad Adenauer, deutscher Politiker

SITUATIONEN EMOTIONAL VERÄNDERN

Du kennst sicherlich Orte oder Situationen mit deinem Hund, an die du nur denken musst und schon nimmst du ein unangenehmes Gefühl wahr. Warum ist das so? Sobald du daran denkst, werden in deinem Gehirn passende Begriffe und Bilder aufgerufen, die mit entsprechenden Emotionen verbunden sind. So könnte beispielsweise der Gedanke an die Situation „Mit Hund im Park" folgende Assoziationen aktiveren: aufgeregtes Bellen, unangenehme Blicke, peinliches Gefühl, Anspannung, ...

Verbinde eine Situation mit neuen Assoziationen

- Wähle eine Situation mit deinem Hund, in der du dir mehr Gelassenheit wünschst.
- Sammle (am besten schriftlich) neue Assoziationen, die du mit der Situation in Verbindung bringen kannst. Diese sollen für dich positiv oder neutral sein. Beispiel „Mit Hund im Park": Bäume, Ruhe, Insektensummen, Brunnen, schlendern, ...
- Wiederhole die neuen Assoziationen mehrmals täglich für einige Minuten. Nenne dabei im Kopf die Situation und verbinde diese dann jeweils einzeln mit einer neuen Assoziation. Beispiel: Mit Hund im Park – Bäume, Mit Hund im Park – Ruhe usw.
- Mit der Zeit entsteht ein neues Gedankennetzwerk, sodass die Anspannung in der Situation sinkt, da sie anders abgespeichert wird.

Stolperstein auf deinem Weg

Vermeide Assoziationen, die Verneinungen enthalten oder allgemeiner Art sind wie „keine Anspannung" oder „schöner Park." Konkrete und individuelle Assoziationen erhöhen die Wirksamkeit dieser Methode deutlich.

Wie du deinen KÖRPER hilfreich einsetzen kannst

UNSER TRÄGER DER GELASSENHEIT

Mit unserem Körper sind wir in der Lage, Gelassenheit zu empfinden und auch auszustrahlen. Gerade bei der Arbeit mit Hunden hat die Sprache des Körpers eine besondere Bedeutung.

Wir müssen uns immer bewusst sein, dass unsere vierbeinigen Begleiter Experten im Lesen der Körpersprache sind. Wenn wir mehr Gelassenheit in der Arbeit mit unseren Hunden erreichen wollen, so führt kein Weg an einem bewussten Einsatz unseres Körpers vorbei. Das Potenzial ist enorm. Durch passende Übungen kann man mehr innere Gelassenheit erlangen oder aber auch seinem Hund gegenüber ausstrahlen. Die Übungen sind ohne viel Aufwand in den Alltag integrierbar.

Sobald du Begleitung hast, bietet es sich an, dich bei einzelnen Interaktionen mit deinem Hund filmen zu lassen. Auch wenn es anfangs ein seltsames Gefühl sein mag und du die Aufnahmen vielleicht lieber meiden würdest, so springe über deinen Schatten. Der Lerneffekt ist enorm. Du kannst viel über deine körperliche Ausstrahlung und deine Körpersprache herausfinden.

KÖRPER UND GEIST

In der Forschung gilt es als gesichert, dass unser Körper, die Gedanken und Gefühle in einem engen Zusammenhang stehen. Genau das können wir uns zunutze machen.

IM EINKLANG

Bestimmte Körperhaltungen werden mit den Gefühlen verknüpft, mit denen sie jeweils auftreten. So können wir durch eine bestimmte Körperhaltung gleichzeitig die passend abgespeicherte Emotion hervorrufen. Körper und Geist agieren im Einklang.

Diesen Zusammenhang kannst du ganz einfach spüren. Nimm einen Stift und halte ihn quer mit deinen Lippen fest. Was fühlst du? Was geht dir durch den Kopf? Halte dann den Stift mit deinen Zähnen fest. Was fühlst und denkst du nun? Hast du den Unterschied gespürt? Im ersten Fall wurde dein Muskel aktiviert, der den Mundwinkel nach unten zieht. Im zweiten Fall wird der Muskel aktiviert, der uns lächeln lässt.

Achte auf deine Körperhaltung

Um der Gelassenheit näher zu kommen, hilft es bereits, eine entsprechende Körperhaltung einzunehmen, um auch die innere Haltung in diese Richtung zu bewegen. Sei aufmerksam und beobachte dich. Gerade wenn eine Situation mit dem Hund ansteht, bei der du gelassener bleiben möchtest. Nimm wahr, sobald du dich anspannst. Halte dann inne. Betrachte deine Körperhaltung. Schau von außen auf dich. Wahrscheinlich wirst du Körperbereiche ausfindig machen, die einer souverän-gelassenen Haltung widersprechen. Seien es hochgezogene Schultern, ein verkrampfter Kiefer oder eine überspannte Muskulatur. Nimm bewusst eine entspanntere Haltung ein, sodass dein Äußeres auf deine innere Haltung zurückwirken kann. Ein kaum merkliches Senken der Schulter wirkt bereits Wunder. Du kannst angespannte Muskelpartien leicht lockern, indem du sie für einige Sekunden bewusst anspannst und dann wieder löst.

IM WIDERSPRUCH

Sind Körper und Geist für unseren Hund im Widerspruch, so wissen sie bestenfalls einfach nicht, was wir von ihnen wollen. Doch viele Hunde reagieren auf diese vorhandene Dissonanz mit Anspannung, höherer Energie oder ignorieren einfach unser Kommunikationsangebot. Andere Hunde wiederum erhöhen die Distanz zu uns oder können gar nicht näherkommen. All diese Reaktionen erschweren es uns wiederum, gelassen zu bleiben. Das Verständnis dafür ist mir sehr wichtig, da dieser Punkt in der Hund-Mensch Beziehung häufig zu wenig thematisiert wird. Die Auswirkungen werden unterschätzt und Hund wie Mensch bleiben ratlos zurück.

Schauen wir uns Beispiele an, die stellvertretend für viele andere Interaktionen mit dem Hund stehen.

Rufen wir unseren Hund ab, so haben wir häufig parallel anderes im Sinn. Seien es Anrufe, die es zu tätigen gilt, das Auto, das dringend in die Werkstatt muss, oder der Wäscheberg, der noch vor uns liegt. Solche Gedanken trüben dann die Klarheit unserer körperlichen Sprache. Oftmals stressen uns solche Gedanken, wir spannen uns an und nehmen dabei gar nicht wahr, wie wir unseren Hund nun körpersprachlich blocken. Unsere Stimme ruft „Hier“, unser Körper sagt „Bleib weg!“.

Häufig findet sich ein ähnliches Phänomen auch gerade dann, wenn es uns wichtig ist, körpersprachlich mit unserem Hund zu arbeiten. Wir bilden uns fort, lesen Bücher und besuchen Seminare. Die technische Ausführung stimmt, und trotzdem sind wir unzufrieden mit dem Ergebnis. Es kann nicht an fehlendem Wissen zur Körpersprache liegen. Der Hintergrund ist, dass häufig auch hier Gefühle und Gedanken nicht passend zur Körpersprache ausgerichtet sind. Wie oft beherrschen in diesen Situationen Gedanken zur korrekten Ausführung oder gar Zweifel, warum denn immer noch nicht das gewünschte Ergebnis zu sehen ist, unseren Geist. Dies findet seinen Übertrag in die Kommunikation nach außen. Fein, sehr fein, aber für unseren Hund wahrnehmbar. Damit agieren wir in seinen Augen nicht klar und eindeutig. Gefühle und Gedanken müssen zur Aussage der Körpersprache passen.

Doch ist neben der richtigen Ausführung mindestens genauso wichtig zu verstehen, warum wir etwas machen. Im Idealfall steht uns ein Trainer zur Seite, der uns das Vorgehen nachvollziehbar erklären kann, sodass es sich auch innerlich stimmig für uns anfühlt. Erst dann agieren Körper und Geist im Einklang und unser Hund nimmt uns als authentisch wahr.

Ist der Hund scheinbar ungehorsam ...

Es gibt Naturtalente, die fast automatisch Körper und Geist im Einklang haben und gut nach Bauchgefühl agieren können. Das ist allerdings kein Grund, vergleichend und vielleicht auch enttäuscht über sich selbst zu diesen Personen zu schauen. Ist man nicht ganz so talentiert, so kann man auch über Verständnis und Übung ins Bauchgefühl kommen. Man muss nur einen kleinen Umweg nehmen.

… passen Kommunikation und Körpersprache oft nicht zusammen

Sei eindeutig

Durch genaues Wahrnehmen kannst du feststellen, ob dein Körper und dein Geist ein gemeinsames Ziel verfolgen. Wenn du merkst, dass eine Interaktion mit dem Hund eher Gelassenheit raubt statt herstellt, so halte inne. Überprüfe, ob dein Körper und Geist im Widerspruch stehen. Die häufigsten Störenfriede im Kopf sind Zweifel, andere Gedanken, die dich gerade beschäftigen oder interessanterweise auch ein inneres Schmunzeln. Dies tritt dann gerne auf, wenn wir ein Verhalten eigentlich recht lustig finden, aber nach außen, vor wem auch immer, einen anderen Schein wahren wollen. Wir nehmen es kaum wahr, aber unser Hund liest uns wie ein offenes Buch und bemerkt diese Widersprüche. So gelingt keine klare Kommunikation. Versuche Kopf und Geist in der Kommunikation mit deinem Hund möglichst immer im Einklang zu halten. Vielleicht ist herzlich zu lachen auch manchmal ein guter Weg, wenn dir danach ist.

ENTDECKUNG DER LANGSAMKEIT

Langsamkeit ist sehr wohltuend und sorgt für deutlich mehr Gelassenheit. Wenn es uns gelingt, unsere körperlichen Handlungen zu entschleunigen, so hat das viele positive Effekte. Langsamere Bewegungen strahlen nach außen mehr Ruhe und damit mehr Gelassenheit aus. Doch es wirkt auch nach innen. Die Gedanken lassen sich dadurch ebenfalls entschleunigen. Mit mehr Ruhe in den Gedanken kehrt dann im Umkehrschluss auch wieder mehr Ruhe im Körper ein. Eine wertvolle Wechselwirkung setzt ein. Zugleich wirkt es auch auf unseren Hund, den wir mit unserem gelassenen Energieniveau anstecken können. Gerade bei der Verarbeitung von Außenreizen hilft das dem Hund, um angemessen darauf reagieren zu können.

RUHE FÜHRT ZU SOUVERÄNITÄT

Du hast bestimmt selbst beobachtet, dass wir in stressigeren Situationen dazu neigen, eher dynamisch und hastig zu reagieren. Unser Hund nimmt bereits die ersten Ansätze davon wahr und das sind für ihn eindeutige Botschaften: Alarmbereitschaft! Stresssystem aktivieren. Wenn du mit deinem Hund interagierst, so ist es oft wichtig, ein gutes Timing zu haben. Doch leider wird diese Schnelligkeit in der Reaktion häufiger mit einem schnellen und hektischen Verhalten dem Hund gegenüber verwechselt. Von daher gilt: Reagiere schnell, aber agiere langsam.

Entschleunigung wirkt Wunder

Jemand, der einen klaren Plan hat, weiß zwar schnell, wann er handeln muss, aber die Aktion selbst muss keinesfalls zügig ausgeführt werden. Das verstehen wir Menschen häufig falsch. Dynamik zeigt zudem eher eine Überforderung an und wirkt keinesfalls gelassen. Auch souveräne Hunde haben es nicht nötig, hektisch zu agieren oder ihr Anliegen durch schnelle Bewegungen zu unterstreichen. Solch ein Verhalten kostet nicht nur unnötig Energie, sondern ist auch ein Zeichen von Unsicherheit. Nur wenn man souverän ist, kann man sich Zeit nehmen und gelassen auf seine Ziele hin agieren.

HALBIERE DEINE GESCHWINDIGKEIT

Sobald die Erregungslage deines Hundes steigt, so reagierst du häufig ebenfalls mit einer Zunahme der Geschwindigkeit deiner Handlungen. Ihr erhöht so gegenseitig euer Energieniveau. Diese Entwicklung gilt es gleich im Ansatz zu unterbinden. Merkst du eine Erregungszunahme bei deinem Hund, so beobachte deinen Körper genau. Achte auf kleine Details, die dynamisch wirken. Ein Anheben der Schulter, der Handgelenke oder des Unterarms beispielsweise haben oft deutliche Signalwirkung. Viele hastige Bewegungen kommen aus der Hüfte. Auch den Oberkörper beugen wir häufig sehr übereilt nach vorne. Sobald du mehr Dynamik als üblich bei dir wahrnimmst, so reagiere bewusst darauf mit Entschleunigung. Agiere nun nur noch mit der Hälfte deiner üblichen Geschwindigkeit. Dir wird das am Anfang äußerst ungewohnt vorkommen, aber lasse dich davon nicht beirren. Mit der Zeit wirst du dich auf eine Geschwindigkeit einpendeln, die sich für dich natürlich anfühlt und mit der du dich wohlfühlst.

Hast und Dynamik rauben die Gelassenheit.

ENTSCHLEUNIGUNG IM ALLTAG

Viele Hunde haben beispielsweise gelernt, dass nach dem Anleinen etwas Aufregendes passiert. Du verlässt das Haus oder ein anderer Hund naht. Die Hunde werden hektischer. Leinst du aber im Zeitlupentempo an, dann wirst du die Wirkung an dir und deinem Hund bald spüren. Achte darauf, dass der Anleinprozess bereits damit beginnt, dass du zu Hause zu deiner Leine läufst oder beim Spaziergang nach deiner Leine greifst. Achte hier auch darauf, nicht nur dann anzuleinen, wenn ein Reiz naht, sondern auch häufig ohne Grund. Immer mal wieder für kurze Zeit. Sonst bringt dein Hund das Anleinen mit einem nahenden Außenreiz in Verbindung und schaut sich dann beim Anleinen schon aufgeregt um.

Hat etwas gut geklappt hat, so neigen wir oft aus Freude oder auch durch Nachlassen der Anspannung dazu, schneller zu agieren. Ein völlig menschliches Verhalten. Dein Hund soll herausfordernde Situationen mit Ruhe in Verbindung bringen. Es wirkt wahre Wunder, wenn du auch erfolgreiche Situationen mit Ruhe ausklingen lässt und du mit ruhiger Energie weiter deines Weges gehst. Ein gemeinsames Spiel mit ein bisschen zeitlichem Abstand kann dann bei euch beiden Energie abbauen. Auch hier gilt: Es gibt kein Patentrezept. Probiere aus, was euch beiden guttut und euch auf den Weg zur Gelassenheit bringt.

Entschleunigung kann überall Anwendung finden und ist auch im Umgang mit reaktiven Hunden zu Hause äußert wirksam. Immer, wenn dein Hund zum Beispiel hochschnellt, wenn du dich von der Couch erhebst, so reduziere deine Geschwindigkeit um die Hälfte beim Aufstehen und Laufen. Beobachte und genieße zeitgleich, welche Wirkung das auch in dir hat. Unsere Hunde sind wahre Meister, das zu forcieren, was uns guttut!

Stolperstein auf deinem Weg

Achte sorgsam darauf, dass du durch die Reduktion der Geschwindigkeit nicht deine Klarheit und deine souveräne Gelassenheit verlierst. Unser erster Impuls ist es nämlich zeitgleich unsere Körperspannung zu vernachlässigen und eine eher diffuse Ausstrahlung auf den Hund zu haben. In diesem Fall verliert diese Methode jegliche Wirkung.

STIMME MACHT STIMMUNG

Wir wirken für unsere Hunde sehr viel mehr über unsere Stimme, als wir denken. Stimme und Körperspannung sowie -haltung sind eng miteinander verwoben. Ist mein Körper in Balance, wird eine überzeugende Stimme erzeugt. In der Anspannung erhalte ich eine gedrückte Stimme und ohne Körperspannung haben die Stimmlippen zu wenig Spannkraft, daher wirkt die Stimme dann kraftlos.

Achte darauf, wie du sprichst

Überlege dir vor dem Einsatz deiner Stimme, welche Stimmung du übermitteln möchtest.

Beobachte, ob du mit deiner aktuellen Körperhaltung überhaupt in der Lage bist, souverän zu intonieren. Wenn dir dies gerade nicht möglich ist, dann ist Schweigen oft die bessere Wahl. Andernfalls vermittelst du über deine Stimme eine nicht erwünschte Botschaft.

Stelle dir während des Lobens die Frage: Passt deine Art von Lob zum Energieniveau, das du in deinem Hund erzeugen möchtest? Aus meiner Erfahrung ist das oft nicht der Fall. Ich nehme häufig helles und aktivierendes Lob in Situationen wahr, in denen eigentlich Gelassenheit das angestrebte Maß ist. Eine einfache Gegenmaßnahme ist, dir ein ganz ruhiges Lob-Wort anzueignen, das du lang und mit Ruhe aussprichst – beispielsweise ein lang gezogenes „geenauuu“. Ebenso hilfreich kann es sein, mit deinem Hund in vollständigen Sätzen sachlich und ehrlich zu sprechen. „Das hast du schon besser gemacht als letztes Mal“, kann eine sehr gut zur Situation passende Rückmeldung sein.

Auch im Alltag lassen sich Botschaften in vollständigen Sätzen gut vermitteln, da sie unsere Stimmung gut übertragen können. „Das ist eine Mülltonne im Dunkeln, da brauchst du keine Sorgen zu haben“, ist oft hilfreicher als ein „Hey, lass das Knurren!“. Wie immer ist natürlich auch hier wichtig, das passende Maß zu finden.

Sprich langsam. Langsames Sprechen führt sowohl bei dir als auch beim Hund zu einer gelasseneren Grundhaltung.

Arbeite in Situationen, in denen du mehr Energie wünschst, mit einer deutlich aktivierenden Stimmlage und Intonation.

LANGSAMES SCHLENDERN

Eine eindrucksvolle Übung aus dem Achtsamkeitstraining ist das Schlendern, das sich hervorragend für unsere Zwecke einsetzen lässt. Wir gehen mit reduzierter Geschwindigkeit. Neben der Langsamkeit wird die Aufmerksamkeit allein auf das Gehen und das Atmen gelegt, also völlig auf uns. Häufig sind wir beim Spaziergang zwar auch nach innen fokussiert, aber nicht zielgerichtet. Wir sind vielmehr mit diffusen Gedankengängen oder Grübeleien beschäftigt, nutzen eine App des Smartphones oder sind in ein Gespräch vertieft. Ähnlich häufig sind wir nach außen orientiert. Gerade dann, wenn man einen Hund an seiner Seite hat, der auf Außenreize reagiert. Wachsam untersuchen wir die Gegend, ob irgendwo ein anderer Hund, einer Katze oder Fahrradfahrer nahen könnte. Diese Übung ruft immer eine besonders nachhaltige Wirkung hervor. Jeder langsame Schritt beruhigt gleichermaßen unseren Geist und löst so manchen Gedankenknoten.

Etabliere das langsame Gehen

Am besten machst du diese Übung zunächst ohne deinen Hund:

- Wähle eine ablenkungsfreie Umgebung.
- Stehe mit beiden Beinen hüftbreit und fest auf dem Boden.
- Verlagere langsam dein Gewicht von deinem linken Bein auf das rechte, ohne die Füße anzuheben. Wiederhole das mehrmals.
- Nimm deine Atmung bewusst wahr, aber verändere sie nicht.
- Laufe langsam los.
- Spüre beim Gehen das Abrollen deines Fußes auf dem Boden. Nimm jeden einzelnen Bestandteil deines Bewegungsablaufs wahr.
- Gehe langsam, aber nicht ohne Körperanspannung. Es soll sich für dich weiterhin natürlich anfühlen. Finde die Geschwindigkeit, die dir guttut.
- Spürst du einen Widerstand, so langsam zu laufen, nimm ihn wahr, aber bleibe bei deiner langsamen Bewegung.

Mit der Zeit wird sich ein angenehmes Gefühl der Entschleunigung einstellen. Es ist eine Wohltat, diese selbst einleiten zu können.

Es ist lohnend, auch kleine Begebenheiten im Alltag zu entschleunigen.

SCHLENDERN MIT HUND

Sobald du etwas geübt bist, kannst du das Schlendern wunderbar in den Spaziergang mit deinem Hund integrieren. Wenn du in das langsame Gehen eintauchst, so bemerkt der Hund deine glasklare Fokussierung nach innen. Für ihn meist etwas sehr Ungewöhnliches, hat er dich wahrscheinlich bisher selten so erlebt. Diese Veränderung deiner Fokussierung und deiner Geschwindigkeit führen je nach Charakter des Hundes zu unterschiedlichen Verhaltensweisen. Du kannst dich auf interessante Beobachtungen freuen und lernst deinen Hund wieder besser kennen. Ich empfehle daher, den Hund zumindest zu Beginn an eine längere Leine zu nehmen. So ist es einfacher, sich trotz des Hundes in diese besondere Form des Gehens zu vertiefen. Halte die Leine am besten mit beiden Händen vor deinem Bauch. Ziehe deinen Hund jedoch nicht mit, sondern warte auf ihn, wenn er seine Umwelt erkundet.

Langsamkeit beruhigt den Geist.

Wenn du während deines Schlenderns veränderte Verhaltensweisen an deinem Hund bemerkst, so beobachte diese nicht mit einem direkten Blick auf deinen Hund, sondern versuche sie durch peripheres Sehen wahrzunehmen. Beobachte sein Verhalten nur, aber bewerte es nicht. Versuche im Hintergrund währenddessen, mit der Wahrnehmung deines Atems verbunden zu bleiben, und nimm auch weiterhin den Kontakt deiner Füße mit dem Erdboden wahr. Bleibe nur so kurz wie möglich mit der Aufmerksamkeit bei deinem Hund und tauche möglichst rasch wieder völlig in das Schlendern ein. Auch hier wirst du merken, dass dir das mit jedem Mal leichter gelingen wird. Mit jeder Entschleunigung wirst du gelassener, dein Energieniveau fällt und dein Geist wird stabiler für alle weiteren Herausforderungen mit deinem Hund. Du ermöglichst zeitgleich deinem Hund, sich in Ruhe mit seiner Umwelt auseinanderzusetzen und Außenreize zu verarbeiten. Auch seine Grundanspannung sinkt und er kann Herausforderungen gelassener meistern. Binde diese Methode immer wieder in deine Spaziergänge ein. Weite die Streckenlänge mit der Zeit aus und variiere auch die Orte. Genieße den Moment, wenn du merkst, dass dein Hund sich bei dir einpendelt und selbst in einen ruhigeren und entschleunigten Modus fällt. Was für ein wunderbares Geschenk.

”

Wenn du es eilig hast, gehe langsam.

Lothar M. Seiwert, deutscher Autor

DEIN BLICK – SEIN AUFTRAG

Blicke zu unseren Hunden haben eine oft ungeahnte Bedeutung. Natürlich verstehen sie auch die weichen, liebevollen Blicke, die wir ihnen aussenden. Hunde kommunizieren jedoch deutlich mehr mit Blicken als wir Menschen, da ihnen keine Sprache zur Verfügung steht. Hunde erteilen mit Blicken Aufträge. Wir kennen das alle, wenn der Blick unseres Hundes zwischen uns und der Dose mit Hundekeksen hin- und herpendelt. Da ist der Auftrag an uns sonnenklar.
Ähnliche Aufträge erteilen wir unserem Hund auch durch unsere Blicke, jedoch oft völlig unbewusst. Wir wähnen uns in Gelassenheit, bemerken gar nicht, dass wir mit unseren Blicken das Gegenteil vermitteln. Wir müssen erkennen, wann wir Auftraggeber wider Willen sind.

Oft unterschätzt: Blicke können Druck erzeugen

AUFTRAGSERTEILUNG BEI AUSSENREIZEN

Gerade wenn du Probleme mit deinem Hund bei Außenreizen hast, seien es Begegnungen mit Joggern, Radfahrern oder anderen Hunden, so geschieht es häufig, dass du einen Auftrag an deinen Hund erteilst. Das passiert, wenn du abwechselnd auf den Außenreiz und deinen Hund schaust. Wir wollen allerdings oft mit unserem Blick zum Hund lediglich feststellen, wie er sich gerade verhält. Mit Blick zum Außenreiz wollen wir erfahren, welchen Weg dieser nimmt und wie nah er bereits ist. Um beide Informationen immer aktuell zu halten, pendeln unsere Augen hin und her. Außenreiz – Hund – Außenreiz – Hund etc.
Während wir alle Strategien anwenden, um in möglichst tiefster Gelassenheit am Außenreiz vorbeizugehen, bemerken wir nicht, wie wir in großen roten Buchstaben (unterstrichen und mit Ausrufezeichen versehen) den Hund allein durch unsere Blicke förmlich anschreien: „Handle! Tu etwas! Richtung Außenreiz! Das ist dein Auftrag!“. Diese schnellen Blickwechsel zeigen dem Hund auch an, dass man Gefahr wähnt und möglichst viele Informationen zur Lage benötigt, um sich bestmöglich abzusichern. Es ist also gar nicht möglich, mit diesem Pendelblick eine souverän-gelassene Haltung auszustrahlen. Da können wir uns mit dem Körper noch so bemühen.

Erteile keine unbewussten Aufträge

Bemerkst du solche wechselnden Blicke in deiner Kommunikation und führen diese zu ungewünschten Ergebnissen, so unterbinde diese. Nimm zwar den Außenreiz kurz wahr. Zeige aber deinem Hund an, dass dich das nicht beunruhigt und du auch keinen Hauch an Interesse daran hast. Dies gelingt dir, indem du dem Außenreiz, aber auch deinem Hund keinen Blick schenkst. Es gibt nichts zu tun. Zeige durch dein Verhalten, dass keine Gefahr droht, und agiere planvoll und selbstsicher. Oft hilft dabei auch der Gedanke „Das geht uns nichts an“, den du in dieser Situation mantrahaft wiederholen kannst. Manchem Halter hilft es, das zu denken, manchem aber auch, das leise auszusprechen. Beides unterstützt uns, dass unser Körper diesen Gedanken auch nach außen widerspiegelt.

”

> Ist man in kleinen Dingen nicht geduldig,
> bringt man die großen Vorhaben zum Scheitern.
>
> Konfuzius, chinesischer Philosoph

Stolperstein auf deinem Weg

Manche Hunde stehen unter regelrechter Dauerbeobachtung ihrer menschlichen Begleiter – sogar zu Hause. Gerade wenn absichernde oder sorgenvolle Blicke auf den Hund im Übermaß vorhanden sind, kann dies beim Hund Stress auslösen und unglückliche Kreisläufe in Gang setzen, die am Ende euch beiden die Gelassenheit rauben.

SO SOLL ES SEIN: VISUALISIERUNGEN

Visualisierung hat seinen Ursprung im Profisport und findet inzwischen in vielen Bereichen Anwendung. Auch für uns Hundehalter liefert diese Methode beeindruckende Ergebnisse.

DAS BEWIRKT 'S

Beim Visualisieren stellen wir uns vor unserem inneren Auge vor, wie wir eine herausfordernde Situation mit unserem Hund meistern. Allein durch unsere Vorstellung ist es möglich, neue neuronale Pfade im Gehirn anzulegen. Unser Gehirn kann kaum unterscheiden, ob wir etwas tatsächlich an Verhalten ausführen oder uns das nur vorstellen. Mit jeder Vorstellung prägt sich dieser Pfad stärker ein. Je stärker diese Verbindung ist, umso leichter fällt es uns dann auch im realen Leben, genau auf diese Vorstellung zurückzugreifen, sodass sich unser tatsächliches Verhalten dem vorgestellten annähern kann.
Im Zusammenhang mit unseren Hunden hat die Methode den unschlagbaren Vorteil, dass wir dadurch planvoll agieren können und in der Folge an Gelassenheit gewinnen. Hunde schätzen es sehr, sich an solchen Personen orientieren zu können. Unsere inneren Bilder verändern unseren gesamten Körper, die Ausstrahlung und sogar unsere Stimmlage. Auch wenn es für uns nicht immer so sichtbar ist, so lesen unsere Hunde den gesamten Körper und Veränderungen in der Mikromimik sind für sie leicht zu entschlüsseln.
In der Realität gelingt es nicht immer, dass wir den gewünschten Ablauf in Situationen hinbekommen und einüben können. In unserem Kopf allerdings können wir das Gewünschte in absoluter Perfektion so häufig wiederholen, wie wir das möchten. Zudem haben wir keine ungewollten Zuschauer oder unangenehmen Kommentare zu befürchten. Vielleicht ist der ein oder andere bereits am überlegen, welche Wohltat es wäre, herausfordernde Probleme mit dem Hund nur noch

von der Couch aus zu erarbeiten. Visualisieren ersetzt natürlich nicht den Umgang im Alltag, aber es ist mehr als eine sinnvolle Ergänzung.

SO GEHT'S

Das Erfolgsgeheimnis beruht allein darauf, dass die Visualisierung so detailliert wie möglich ausfällt und vielfältige Facetten enthält. Bei recht einfachen Situationen ist keine Vorarbeit für die Visualisierung notwendig. Wir können die Methode sofort einsetzen. Etwas komplexere Handlungen, wie sie auch in manchen Situationen im Hundetraining oder auch im Hundesport vorkommen, benötigen etwas Vorlauf.
Dieser beginnt zu Haus in einer ruhigen Situation und entspannter Körperposition. Dort drehen wir unseren Erfolgsfilm im Kopf. Dabei malen wir uns Schritt für Schritt den gesamten Ablauf der gewünschten Handlungen aus. Alle Handgriffe und Bewegungen, die wir ausführen, üben wir im Kopf ganz exakt ein. Zunächst langsam, dann läuft dein Film zunehmend in realer Geschwindigkeit. Jedes Detail. Wir malen uns auch aus, was wir fühlen möchten. Unser Film schließt mit einem erfolgreichen Ende. Je nach Situation kann das ein Empfinden von Stolz sein oder im Falle einer hundesportlichen Herausforderung das Stehen auf dem Siegerpodest. Wir wiederholen das, so oft wir können, auch zunehmend an unterschiedlichen Orten. Je häufiger wir unseren Film durchdenken, umso stärker kann er sich als Gedächtnisspur in uns einbrennen.

ERFOLGSFILM STATT KATASTROPHENFILM

Das Visualisieren ist für viele von uns wahrscheinlich keine neue Methode. Viele haben sie bereits erfolgreich angewendet und schon großartige innere Filme gedreht. Leider gehören die eher zum Genre „Katastrophenfilm“. Sobald wir uns Sorgen machen, wie sich unser Hund gleich verhalten wird, ist das nichts anderes als eine Visualisierung des Fehlverhaltens unseres Hundes: Sorgen prophezeien zukünftiges Verhalten in Bildern. Betrachten wir als Beispiel das für viele mit Problemen behaftete Thema der Hundebegegnung. Wenn wir davor Sorgen haben, dass unser Hund gleich mit maximalem Körpereinsatz in der Leine hängt und lauthals sein Gegenüber anbellt, dann haben wir mit allergrößter Wahrscheinlichkeit diesen Film oder zumindest ein Bild davon in unserem Kopf. Wenn wir dieses Bild oder den Film auch im Alltag immer wieder (meist unbewusst) gedanklich anstoßen, so wird sich dieses Bild einen Pfad in unsere Gedächtnisspur graben. Das Prinzip dahinter funktioniert genauso wie beim Memorieren unseres Erfolgsfilms, doch nun speichern wir leider einen Katastrophenfilm ab. Wir spielen also im Kopf immer wieder ab, welches Verhalten wir befürchten. Je mehr wir das machen, umso mehr wird das für uns zur Wahrheit. Aus einem schmalen Pfad wird bei entsprechender Wiederholung der Gedanken ein breiter und leicht begehbarer Weg. Dadurch startet unser innerer Film immer leichter. Da reicht es manchmal schon, nur einen anderen Hund auf Distanz zu sehen und schon wird das der Anstoß für unsere private Kinovorstellung im Kopf. Diese entfaltet dann seine volle Macht mit all den negativen Auswirkungen auf unsere Gedanken, unsere Gefühle und unsere Verhaltensweisen. Es ist naheliegend, dass unser Hund ein ähnliches Verhalten wie in der immer wieder geübten Visualisierung zeigen wird.

Es ist Zeit für eine andere Vorstellung in deinem Kopfkino! Bleiben wir bei unserem Beispiel der Hundebegegnung. Sobald du einen Hund siehst, musst du nun einen Film visualisieren, wie der Hund sich verhalten soll. Du darfst also nicht länger den Film einer schrecklichen Hundebegegnung in dir ablaufen lassen. Ab sofort muss in deinem Kopfkino in dieser Situation ein anderer Film gespielt werden. Kaufe dir ein Ticket und Popcorn für deinen eigenen Erfolgsfilm.

Zeit für ein neues Kinoprogramm

Dreh deinen eigenen Film

In einfachen Situationen kannst du die Visualisierung ohne vorheriges Einüben des gewünschten Films sofort verwenden. In diesem Fall adaptierst du einfach die aktuelle Situation samt Umgebung und stellst dir vor dem inneren Auge den gewünschten Ablauf vor. Folge im Handeln und Denken ausschließlich diesem Film.

Spule deinen Erfolgsfilm ab, sobald du den anderen Hund wahrnimmst. Denke daran, dass du alles visualisierst, wie es laufen soll, und nicht, wie es nicht laufen soll. Wandle also Gedanken mit „nicht", wie „Mein Hund soll nicht ziehen und ohne zu bellen vorbeilaufen" um zu dem Bild: „Mein Hund läuft auf meiner Höhe auf der abgewandten Seite zum anderen Hund neben mir und orientiert sich an mir. Ich laufe gelassen und trotzdem zielstrebig, ich kenne meinen Weg." Dein Erfolgsfilm zeigt dir also auch, was du in der Situation fühlen möchtest. Mit jeder Faser deines Körpers richtest du dich nach diesem Film aus: Du atmest in der Hundebegegnung normal weiter, du hast eine gelassene-souveräne Körperhaltung und die Welt um dich herum interessiert dich gerade kaum, denn du orientierst dich nur an deinem inneren Film.

Wenn du also Themen mit deinem Hund hast, die eigentlich aufgrund des Trainingsstandes schon besser laufen müssten, so ist es lohnend zu überprüfen, ob deine Visualisierungen zu deinem Anliegen passen. Bedenke auch, dass der innere Film auch dem Trainingsstand deines Hundes entspricht, sodass du ihn nicht überforderst und eigentlich Unmögliches von ihm verlangst. Das Visualisieren ist zwar ein mächtiges Werkzeug, aber Wunschvorstellungen herzaubern kann es (leider) nicht.

Stolperstein auf dem Weg

Beharre auf deinem Erfolgsfilm. Selbst wenn dein Hund sich in der neuen Rolle noch nicht ganz einfindet und in alte Verhaltensmuster kippt, so lasse dich auch davon nicht entmutigen oder verärgern. Sonst fällst du nämlich mit deinem Verhalten und mit deinen Gedanken wieder in den alten Film zurück. Stemme dich dagegen und verdränge mit einer guten Portion Gelassenheit immer wieder diesen alten Film, der sich dir aufdrängt.

"

Nichts verschafft mehr Ruhe als ein gefasster Entschluss.

Charles-Maurice de Talleyrand-Périgord, französischer Staatsmann

WENN …, DANN …

Diese Methode ist so simpel wie hilfreich. Wie oft, haben wir uns schon eher hilflos gefragt: „Was ist wenn, …". Wir vervollständigen den Satz mit unseren individuellen Herausforderungen, die wir mit unserem Hund haben. Dann entwickeln wir zu jedem „Was ist, wenn …", ein fortführendes „Wenn … , dann …". So haben wir für alle erdenklichen Situationen geplant, wie wir reagieren werden. Wenn wir wissen, wie wir auf mögliche Stressoren reagieren werden, so entmachten wir sie enorm. Das führt zu souveräner Gelassenheit bei Herausforderungen. Kein Zögern, kein Abwägen. Standardisierte und im Vorfeld durchdachte Abläufe führen zu sicheren Routinen. Bei Rettungsdiensten oder im Flugverkehr werden diese routinierten Abläufe etabliert, um auch in stressigen Situationen die Gelassenheit nicht zu verlieren.

Sei vorbereitet

Wähle am Anfang eine beliebige Situation mit deinem Hund. Das muss für den Anfang noch keine schwierige Herausforderung sein. Du kannst beispielsweise beim Abruf mit leichten Ablenkungen beginnen. Überlege im Vorfeld exakt, wie du verfährst, wenn dein Hund nicht kommt nach dem ersten Rufen. Dies wird je nach deiner favorisierten Methode unterschiedlich aussehen. So entwickelt jeder seinen individuellen Film. Ignorierst du es und trittst etwas näher und rufst du ein zweites Mal? Läufst du in seine Richtung, bis er sich zu dir umdreht? Klatschst du in die Hände? Zupfst du an der Schleppleine? Was geschieht danach, wenn er immer noch nicht kommt? Was machst du, wenn er kommt? Wähle Verhaltensweisen, die zu dir und deinem Hund passen. Spiele deinen gewählten Weg immer wieder im Kopf bis zum erfolgreichen Ende durch. Falls es dir schwerfällt, hier eigene Ansätze zu entwickeln, so suche dir entsprechende Unterstützung, damit du solch einen Plan entwickeln kannst.

Egal, für welche Situationen du diese Methode einsetzt: Dein mehrfach durchdachter Plan erlaubt dir in der Realität eine zeitnahe und klare Reaktion sowie einen erfolgreichen Abschluss deines Vorhabens. Du bist nicht mehr abhängig von unguten Automatismen, die vor allem in herausfordernden Situationen das Ruder übernehmen. Damit liegt die Entscheidung, wie du reagieren möchtest bei dir. Dein Plan gibt dir nicht nur Sicherheit, sondern auch Zuversicht und Gelassenheit, die du dann auch ausstrahlst.

BEHARRLICH STATT ENERGETISCH

Häufig wirken wir energetisch auf unseren Hund ein, vor allem, wenn es um ein unerwünschtes Verhalten geht. Diese Energie kann in verbaler oder körpersprachlicher Form zum Ausdruck kommen. Wir schimpfen wie ein Rohrspatz oder äußern seltsame Laute. Wir blocken körpersprachlich mit entsprechender Energie oder ziehen unseren Hund mit Hilfe der Leine umher. Die Möglichkeiten sind vielfältig. Die Lerntheorie besagt, dass eine Hemmung (und nichts anderes ist das beschriebene Eingreifen) dann Erfolg hat, wenn der Hund die Handlung in der Folge nicht mehr oder deutlich weniger zeigt.

Überprüfe, ob dein energetisches Verhalten in sprachlicher oder körpersprachlicher Hinsicht bisher den gewünschten Lernerfolg hatte. Vielleicht ist deine Erkenntnis, dass du wieder und wieder recht energetisch arbeitest, da das angestrebte Ziel bisher nicht erreicht wurde. Ein Automatismus steuert dich, vor allem, wenn du unter Beobachtung stehst. Du möchtest vor anderen nicht handlungsunfähig und hilflos erscheinen und daher agierst du irgendwie. Wenn dein Verhalten deinem Hund gegenüber jedoch nicht den gewünschten Effekt hat, so verursacht es sowohl bei dir als auch bei deinem Hund einen Anstieg des Erregungsniveaus. Die angestrebte Gelassenheit rückt in weite Ferne.

Viel Energie erhöht meist das Erregungsniveau von Hund und Mensch.

DER WEG ÜBER RUHE UND BESTÄNDIGKEIT

Eine Alternative zu deinem Automatismus ist der Weg der Beharrlichkeit. Dieser Weg hat eine ungemein positive Wirkung auf unsere Gelassenheit. Agiere mit Würde und Ruhe auf dein Ziel hin. Gelassenheit wohnt in einem ruhigen Körper.

Nehmen wir als Beispiel die Situation, dass dein Hund beim Begrüßen einer fremden Person sogleich an dieser hochspringt und dich das Verhalten stört, dein energetisches Eingreifen bisher aber nicht zum Erfolg geführt hat.

- Lege gedanklich fest, welches Verhalten dein Hund zeigen soll. Zum Beispiel neben dir warten, er muss nicht zwingend sitzen.
- Springt der Hund an der Person hoch, so bringe ihn wieder zur gewünschten Position. Schaue deinen Hund dabei nicht an.

- Agiere langsam und ohne Ärger und Hast, du bist wohlwollend und liebevoll beharrlich.
- Atme ruhig und gleichmäßig.
- Richte dich auf, wenn dein Hund sich wieder an der erwünschten Position befindet.
- Spüre, ob ein Lob passend ist, wenn dein Hund dort bleibt. Gerade hier ist ein inneres Lächeln oder der Gedanke „Das machst du gerade sehr gut“ oft Lobsignal genug.
- Bewege dich nun wieder in Richtung der anderen Person.
- Setzt dein Hund wieder zum Sprung an, so holst du ihn abermals zurück.
- Agiere ohne Hast. Lasse dich nicht aus der Ruhe bringen, falle nicht zurück in deine energetische Rolle.
- Wähle ein passendes inneres Mantra wie „Immer einmal mehr als du“, „Bis die Sonne aufgeht“, „Ich bleibe in meiner Ruhe“.
- Wiederhole dein Vorgehen, bis du das gewünschte Ziel erreicht hast und der Hund deine Raumvorgabe akzeptiert.

Wundere dich nicht, wenn du am Anfang über Minuten so agierst. Du wirst feststellen: Es wird immer weniger Zeit in Anspruch nehmen, das Gewünschte zu erreichen. Dein Hund weiß dann, dass du beharrlich dranbleiben wirst.

Beharrlichkeit benötigt Geduld

WERDE ZUM WEGBEGLEITER DEINES HUNDES

Überprüfe, welche Situationen es in eurem Zusammenleben gibt, bei denen deine aufgewandte Energie nicht zielführend ist. Reagiere auch hier mit Ruhe, statt zu schimpfen, zu verwünschen, energetisch zu werden oder an der Leine zu rucken. Ersetze Energie durch Beharrlichkeit. Du wirst merken, dass dein Hund mit der Zeit auch viel weniger Energie einsetzt und ihr beide dadurch einen großen Schritt hin zu mehr Gelassenheit geschafft habt.

Ein weiterer Effekt stellt sich ein: Diese Beharrlichkeit in gleichbleibender Energie wird deinen Hund zum Staunen bringen. Sein Bild von dir wird sich verändern. Er nimmt deine Kompetenz wahr, Ziele souverän und ohne viel Energie zu erreichen. Damit wirst du zunehmend als Wegbegleiter wahrgenommen, dem man auch in brenzligen Situationen vertrauen und an dem man sich orientieren kann.

Steck deinen Hund mit deiner Gelassenheit an.

INFORMIERE DEIN GEGENÜBER

Fängst du an, über Beharrlichkeit zu arbeiten, so informiere im Vorfeld beteiligte Personen, dass die Arbeit mit deinem Hund dieses Mal vielleicht etwas Zeit in Anspruch nehmen kann. Das entlastet ungemein, da du dich sonst schnell unter Druck gesetzt fühlst. Überlege deine Worte am besten schon im Vorfeld, denn Planen verschafft Sicherheit und erlaubt, gelassen zu arbeiten. Bitte dein Gegenüber, deinen Hund nicht anzuschauen. Das macht es leichter für deinen Hund, da er dadurch nicht mit der Person in Kommunikation treten muss.

Stolperstein auf deinem Weg

Lasse dich nicht aus der Ruhe bringen, wenn es nicht zeitnah funktioniert. Werde nicht ärgerlich, behalten eine wohlwollende Haltung. Brich dein Vorhaben niemals ab. Sonst bringst du deinem Hund bei, dass es sich lohnt, sein Ziel einfach länger zu verfolgen als du.

„

Nichts verleiht mehr Überlegenheit,
als ruhig und unbekümmert zu bleiben.

Thomas Jefferson, amerikanischer Politiker

COPY AND PASTE

Ich erlebe auf Fortbildungen immer wieder Trainer, die mich tief beeindrucken. Sie führen und leiten ihre Hunde mit beneidenswerter Leichtigkeit, Authentizität und riesiger Herzensliebe an. Sie sind Vorbilder für mich. Doch wider Erwarten finden sich solche Vorbilder häufig auch im Alltag: Immer wieder fallen mir talentierte Hundehalter mit ähnlicher Ausstrahlung auf. Vielleicht haben sie einfach ein natürliches Gefühl für sich und ihren Hund oder haben es sich Schritt für Schritt erarbeitet. Wie auch immer, ich freue mich jedes Mal, solche Personen mit ihren Hunden erleben zu dürfen.

Achten wir bewusst darauf, so können wir diese Menschen in unserem Alltag entdecken. Unsere ganz persönlichen Vorbilder. Dabei ist es egal, ob deren Hund die Ruhe selbst ist oder der Halter Gelassenheit zeigt, obwohl der Hund gerade vor Energie überschäumt. Darin steckt enormes Potenzial, es wäre schade, es ungenutzt zu lassen. Genau diese Personen ermöglichen es uns, die Copy-and-Paste-Methode anzuwenden.

Lernen durch Beobachtung

Dieser Methode liegt das Nachahmungslernen zugrunde, welches auch als Lernen am Modell bekannt ist. Dabei richten wir unseren Fokus darauf, wie andere Personen in vorbildhafter Art und Weise Gelassenheit in der Kommunikation mit ihrem Hund ausstrahlen. Diese wahrgenommenen Handlungen können wir dann teilweise in unser eigenes Repertoire übertragen. Diese Schulung unserer Beobachtungsgabe lässt uns dann auch zunehmend Verhaltensweisen und Körpersprache bei anderen wahrzunehmen, die nicht zum Erfolg führen. Diese speichern wir uns natürlich nicht ab, erweitern aber auch in diesem Bereich unser Wissen. Durch diese Kontrastwirkung sehen wir Verhaltensweisen, die hilfreich sind auf dem Weg zur Gelassenheit, in der Regel noch klarer.

Suche nach Vorbildern

Beobachte andere Hundehalter in ihrem Umgang mit dem Hund. Du wirst merken, welche Art und Weise mit einem Hund gelassen und souverän umzugehen dich überzeugt und zu dir passt. Du kannst dich jederzeit im Alltag umschauen oder auch beim nächsten Training in der Hundeschule auf andere Teilnehmer konzentrieren. Eine weitere Möglichkeit besteht darin, (auch mal ohne deinen Hund) einen Park oder eine Wiese aufzusuchen, die bei Hundehaltern beliebt ist.

Egal, wo du auf andere Hundehalter triffst: Nimm wahr, wie diese ihrem Hund gegenüber agieren. Konzentriere dich zunächst auf deren gesamte Ausstrahlung und überlege dann, durch welche Körpersprache diese hervorgerufen wird. Beachte dabei, dass unser Körper in seiner Gesamtheit vom Hund gelesen wird. Wir Menschen konzentrieren uns hingegen viel mehr auf das Gesicht. Nimm daher die hündische Perspektive ein und achte auf alle Bereiche des menschlichen Körpers und was diese „sprechen“. Nutze folgende Beobachtungstipps:

- Hat die Person einen sicheren Stand und Gang oder kannst du immer wieder unschlüssig wirkende Veränderungen in der Position wahrnehmen?
- Wie agieren die Schultern, Arme und Hände?
- Wie ist die Mimik der Person? Wohin blickt sie?
- Werden die Bewegungen mit klarer Ruhe und Ziel oder mit Hast ausgeführt?
- Wirkt der Mensch ganz bei sich und zentriert?

Imitiere die Person in den Teilbereichen, die du für gut befindest. Du wirst etwas Faszinierendes wahrnehmen: Auch deine innere Haltung wird sich damit verändern.

EIN SICHERER STAND, EIN KLARER WEG, EIN FESTES ZIEL

An einem Menschen, der in allen Lagen den Überblick bewahrt, klar und zielstrebig agiert, orientieren sich Hunde gerne freiwillig. So verspricht diese Person durch ihr übersichtliches und ruhiges Handeln Sicherheit für die gesamte Gruppe. So wird ein Umfeld geschaffen, in dem sich alle entspannen können.

Unsere innere Haltung nimmt der Hund bereits an unserer Art zu stehen wahr. Trippeln wir unsicher umher, so strahlen wir diese für den Hund wichtige Eigenschaft nicht aus. Weniger Trippeln und mehr sicheres Stehen verbessern die souverän-gelassene Ausstrahlung. Tatsächlich hängt der sichere Stand auch eng damit zusammen, ob wir wortwörtlich einen klaren Standpunkt haben oder wir uns leicht davon abbringen lassen.

An einem klaren Standpunkt kann sich dein Hund gut orientieren.

SICHERES STEHEN OHNE HUND ...

Einen sicheren Stand einzunehmen, kannst du gut üben:

- Beginne hier zunächst in ablenkungsfreien Situationen.
- Fokussiere dich auf den Moment.
- Spüre nach wenigen bewussten Atemzügen, wie die Gelassenheit in dir zunimmt.
- Stelle dich hüftbreit hin.
- Drücke die Knie nicht durch, dadurch kippt dein Becken etwas nach vorne.
- Stelle dir vor, deine Füße sind fest im Erdboden verwurzelt. Achte darauf, dass du das Gewicht auf beide Beine verteilst.
- Bewege nun leicht deinen Oberkörper von rechts nach links, von vorne nach hinten, so als ob ein Windzug dich leicht hin und her bewegt.
- Verändere deinen Fußabstand etwas, um den für dich stabilsten Stand zu finden.
- Löse den sicheren Stand bewusst auf. Stelle dir vor, deine Wurzeln an den Füßen ziehen sich wieder ein.
- Gehe erst dann bewusst und langsam weiter.

Durch diese Übung wird in dir ein Gefühl von gelassener Sicherheit entstehen. Je häufiger du diese kurze Übung machst, umso leichter wird es dir fallen, einen sicheren Stand einzunehmen. Baue ihn im Alltag möglichst häufig ein. Das gelingt auch ohne Erdboden in der Wohnung.

… UND MIT HUND

Wenn du den sicheren Stand gut einnehmen kannst, so übe ihn nun auch in Anwesenheit deines Hundes. Wähle auch hier zu Beginn eine ablenkungsfreie Umgebung. Nimm deinen Hund zunächst an die Leine, das ist für dich entspannter. Führe die Übung wie oben beschreiben durch und nimm das Verhalten deines Hundes wahr. Du kannst interessante Beobachtungen machen.
Akzeptiert er, dass du nun den sicheren Stand einnimmst und Ruhe vorgibst? Genieße, wenn er sich an deinem Energieniveau orientiert.

Erdung verhilft zu innerer Stabilität

Verhält er sich ungehalten, da er nun an seinem eigentlichen Vorhaben wie Weitergehen oder Schnüffeln hindert wird? Je nach Hund wird er nun vielleicht anfangen zu bellen, versuchen dich durch Ziehen oder Hochspringen von deinem Platz zu bewegen. Halte deinen Standpunkt. Du hast beschlossen stehen zu bleiben, bleibe beharrlich. Ärgere dich nicht über sein Verhalten. Übe dich in Gelassenheit und bleibe in deinem sicheren Stand. Atme und sei bei dir, beobachte deinen Hund peripher. Der Fokus liegt sonst auf ihm. Du bist doch gerade bei dir.

Wenn du jetzt nachgeben würdest, so würde dein Hund nur eines lernen: Beschweren, wahlweise lautstark oder mit körperlicher Vehemenz, hilft, dann bekomme ich meinen Willen. Bleibe beharrlich, bis dein Hund von seinem Verhalten ablässt und er zur Ruhe kommt. Er hat sich nun auf dich eingelassen. Ein wertvoller gemeinsamer Moment. Warte noch etwas ab und löse dann deinen sicheren Stand auf. Achte darauf, deinen Hund nun nicht durch schnelles Laufen oder energetisches Loben in Erregung zu versetzen. Ein Lächeln oder ruhiges langsam ausgesprochenes Lob-Wort reicht hier völlig. Gehe langsam weiter. Die Übung ist so wohltuend für Körper und Geist und ein wertvoller Schritt auf deinem Weg zu mehr Gelassenheit.

"

Wer nicht weiß, wohin er will,
der darf sich nicht wundern,
wenn er ganz woanders ankommt.

Mark Twain, amerikanischer Schriftsteller und Satiriker

EIN STANDPUNKT GIBT HALT

Der sichere Stand hilft dir in allen Situationen mit deinem Hund, bei dem du ortsstabil bleiben möchtest und damit auch deinen Standpunkt deinem Hund gegenüber besser vertreten möchtest. Ebenso hilfreich ist er, wenn du deinem Hund in für ihn schwierigen Situationen Halt und Sicherheit geben möchtest. Wenn du beispielsweise einen Außenreiz aus einem angemessenen Abstand mit deinem Hund gemeinsam betrachtest, kann er den Reiz mit Ruhe verarbeiten. Hier ist die Abwandlung des sicheren Standes in ein „sicheres Knien“ oft sinnvoll. Behalte deinen Hund nah bei dir, um ihm ausreichend Stabilität zu bieten. Auch hier wirst du ein Gefühl entwickeln, was euch beiden guttut und wo diese

Methode euch gute Dienste erweisen wird, um Situationen gelassener zu meistern. Probiere dich aus, beobachte, sammle Erfahrungen. Nur so könnt ihr zusammen wachsen.
Sollte dein Hund so ungehalten werden, dass er sehr körperlich wird oder seine Zähne einsetzt, da du ihn am Weitergehen hinderst, so nimm das bewusst wahr. Fühlst du dich mit dem Verhalten des Hundes überfordert, so suche bitte professionelle Unterstützung auf.

Nutze Leuchtstreifen als Wegweiser

Manche Trainer geben den Tipp, sich einen Punkt in der Ferne auszusuchen, auf den man bei Herausforderungen unbeirrt zulaufen soll. Tatsächlich haben einige Hundehalter damit Probleme, da dieser Zielpunkt oft eine recht unnatürlich hohe Kopfhaltung mit sich bringt.

Hier eine hilfreiche Modifikation: Du kennst bestimmt die am Boden eingelassenen Beleuchtungen im Flugzeug, die den Weg zu den Notausgängen weisen. Stelle dir mit ein bisschen Fantasie solch eine in den Boden eingelassene Linie vor. Sie leuchtet in einer Farbe deiner Wahl und führt dich direkt zu deinem gewählten Zielpunkt in der Ferne.

Behalte diese Linie so im Blick, dass du eine für dich natürliche Kopfhaltung einnehmen kannst. Lauf nun einfach unbeirrt dieser auffälligen Linie nach – wie eine Eisenbahn auf Schienen. Es ist völlig unkompliziert und auch ohne Übung in Sekundenschnelle möglich, diese Linie gedanklich aufleuchten zu lassen. Sie dient dir als Wegweiser, um souverän den Überblick über deinen Laufweg behalten zu können. Dadurch vermittelst du deinem Hund eine sehr klare und gelassene Ausstrahlung.

Du hast einen Plan. Verbunden mit einem gleichmäßigen Laufrhythmus mit passender Atmung steht dir ein unschlagbares Trio zur Verfügung, um herausfordernde Situationen gut zu meistern.

Stolperstein auf deinem Weg

Halte nicht starr am festgelegten Weg fest, sondern passe ihn flexibel der Situation an. So kannst du den Leuchtstreifen auch spontan leicht biegen, um gewisse Außenreize zu umgehen. Damit verlierst du trotzdem nicht den direkten Weg zu deinem Ziel aus den Augen.

Wie du eine zuversichtliche SICHTWEISE erhalten kannst

ALLES EINE FRAGE DES FILTERNS

Unser Blick auf die Welt ist immer subjektiv. Mit wie viel Zuversicht wir ihn versehen, liegt tatsächlich zu einem Großteil in unserer Hand.

Auf dem Weg zur Gelassenheit ist die Zuversicht unsere unverzichtbare Begleiterin. Ich vergleiche sie gerne mit einer selbstgebastelten Laterne. Ihr Licht macht es uns möglich, auf unserem gewählten Weg gut voranzukommen und leuchtet unseren Weg dabei aus. Sie ist nicht zu verwechseln mit Optimismus, der eher von einer „Alles-wird-gut"-Sichtweise geprägt ist. Die Zuversicht beleuchtet nämlich auch die Schlaglöcher und Unwägbarkeiten, auf die wir treffen. Wir sind uns der Probleme und Herausforderungen durchaus bewusst, lassen uns davon jedoch nicht entmutigen. Bastle ich die Laterne, so kann ich mit der Wahl des Transparentpapiers ihre Leuchtfarbe und -intensität selbst festlegen. So ist es in unserer Verantwortung, in welchem Farbenspiel diese uns den Weg weist und mit wie viel Zuversicht wir auf die Welt schauen. Es gibt vielfältige Ansätze, um Zuversicht zu finden und sie wachsen zu lassen.

FILTER DIR DIE WELT, WIE SIE DIR GEFÄLLT

Für eine zuversichtliche Sichtweise spielt der Wächter eine bedeutsame Rolle. Das ist jene Hirnregion, die in der Fachsprache Thalamus heißt. Der Wächter hat viele Aufgaben, aber eine ist auf unserem Weg von besonderem Interesse. Er wirkt als Wahrnehmungsfilter. Er entscheidet, welche Wahrnehmungen aus dem Außen unser Bewusstsein erreichen. Uns erreicht durch all unsere Sinne eine enorme Menge an Informationen, von denen der Wächter uns zu einem Großteil gut abschirmt. Mit der verbleibenden Informationsmenge, die uns erreicht, können wir mehr oder weniger gut umgehen. Ohne solch eine Filterung würde uns aufgrund massiver Reizüberflutung schon ein Spaziergang mit dem Hund völlig überfordern.

Der Wächter schützt uns vor Reizüberflutung.

WERKSEINSTELLUNG: FOKUS AUF GEFAHR

Der Wächter legt zudem fest, welcher Art von Wahrnehmungen er den Zutritt ermöglicht. Das ist im Hinblick auf unsere Zuversicht leider oft nicht sehr hilfreich, da er den Blick zu sehr auf vermeintlich Gefährliches richtet. Du ahnst wahrscheinlich, warum er das macht. Die Lösung liegt wieder weit in unserer Vergangenheit. Aus den Urzeiten hat der Filter sozusagen noch seine Werkseinstellung: Er ist seit jeher darauf fokussiert, jeden auch noch so kleinen Hinweis auf mögliche Gefahren wahrzunehmen. Darauf liegt das Augenmerk unseres Wächters, denn seine Lebensaufgabe ist es, uns zu schützen: Er darf bloß keinen negativen Eindruck übersehen! Das könnte schließlich unser Leben gefährden. Daher brennen sich negative Eindrücke auch deutlich stärker in unser Gedächtnis ein als

Warum das Negative oft überwiegt

positive. Etwas Positives zu übersehen, hat in Urzeiten in aller Regel kein Leben gekostet. Dass die alten Zeiten vorbei sind und die negativen Eindrücke nicht mehr unser Überleben sichern, hat der Thalamus leider noch nicht mitbekommen. Doch der Thalamus kann noch viel mehr. Er registriert unsere dominanten Gedanken, daraus schließt er, was uns wichtig ist und richtet auch danach den Filter aus. Wenn wir uns auf die negativen Ereignisse mit dem Hund fokussieren, so wird er unseren Wahrnehmungsfilter so ausrichten, dass er die großen Eingangstore sofort für Belege öffnet, die unsere teilweisen auch unbewussten Überzeugungen untermauern. Sehr beliebt sind dabei: „Ich werde das nie schaffen mit meinem Hund", „Ich bin unfähig diesen Hund zu erziehen" oder ganz weit vorne liegt auch „Allen anderen gelingt das viel besser als mir." Daraus schließt der Wächter: „Aha, das scheint wichtig zu sein. Die Bestätigungen dafür müssen das Bewusstsein erreichen." Er öffnet weit die Tore und die negativen Eindrücke, die unsere inneren Überzeugungen bestätigen, werden herzlich willkommen geheißen. Kleinste Fitzelchen an Beweisen werden zu vermeintlich großer Beweislast zusammengetragen. Kein unscheinbares Detail wird übersehen.

NEGATIV-VERZERRUNG

Diese negativen Begebenheiten erhalten dadurch eine völlig überdimensionierte Bedeutung und wir verlieren dabei jegliches Maß für die Verhältnismäßigkeit. Sollte es positive Gegenbeweise geben, so wird ihnen vom Wächter kaum Zugang gewährt. Das ist nicht sein Auftrag. Die schönen Momente kehren wir also unter den Teppich und stellen uns zur Absicherung noch drauf. Die unguten Situationen setzen wir ins Rampenlicht und beleuchten sie intensiv, gerne auch mit zwei Scheinwerfern. Wie durch Zauberhand scheinen diese Begebenheiten dadurch noch zu wachsen und an Bedeutung zuzunehmen. So bleiben wir Gefangene in unserer selbst gestalteten Realität.

Uns muss bewusst sein, dass die Ausrichtung auf das Negative nicht die Wahrheit der Welt zeigt, sondern eine Form der Selbstmanipulation darstellt. Häufig wird dies auch als Negativität-Verzerrung bezeichnet. Wir haben die Freiheit, diese Verzerrung aufzugeben. Programmieren wir doch den Filter um auf eine Positiv-Verzerrung. Denn wenn wir uns schon manipulieren, warum setzen wir das nicht für unsere Zwecke ein? Wir richten einfach den Filter und damit unsere Wahrnehmungsantennen auf das Positive.

Liegt der Fokus auf negativen Begebenheiten, erscheinen diese mächtiger.

Wähle deine Filtereinstellung

Die Arbeitsweise unseres Wächters hat deutliche Auswirkungen auf die Wahrnehmung unseres Alltags. Nehmen wir als Beispiel einen wunderbaren Tag mit Familie und Hund, der fast aus dem Gedächtnis gelöscht scheint. Übrig bleibt allein die Situation, als der Hund im Café fast den gesamten Tisch mitgenommen hat, um den ankommenden Artgenossen zu verbellen. Alle Blicke der anderen Gäste waren auf dich gerichtet und deren Kopfschütteln hat sich tief in dir eingebrannt. Wie lange hat das gedauert? Nehmen wir an 30 Sekunden. Das sind von schönen sechs Stunden, die du dort verbracht hast, 0,139 %. Mache dir bewusst, wie unverhältnismäßig sich solche negativen Ereignisse in unseren Gedanken ausbreiten. Ändere die Perspektive. Drehe deine Wahrnehmung komplett um und nimm bewusst wahr, dass 99,861 % der sechs Stunden mit Familie und Hund schön gewesen sind. Wenn die dunklen Gedanken wegen eines Verhaltens deines Hundes wieder überhandnehmen, so mache dir bewusst, wie hoch der prozentuale Anteil dieser Situation am Tag tatsächlich ist. Es lohnt sich, mal deine individuelle Prozentzahl an negativen Momenten zu errechnen.

Versperrst du dir vielleicht auch selbst den Weg zur Gelassenheit? Welche inneren Überzeugungen in Zusammenhang mit deinem Hund schlummern in dir? Welche Suchaufträge hast du deinem Wächter unbewusst gegeben, um diese im Außen bestätigt zu bekommen. Ändere die Ausrichtung deines Wahrnehmungsfilters und öffne deine Tore für hilfreiche Eindrücke im Alltag.

DAS KLEINE GLITZERN WIEDERFINDEN

Die positiven Dinge wahrzunehmen kann am Anfang recht schwerfallen. Wir gewinnen oft den Eindruck, dass es viel einfacher gewesen ist, als wir noch Beweise der negativen Art gesucht haben. Scheinbar, so meldet sich gleich eine seufzende Stimme in uns, gibt es einfach nicht so viel Positives im Zusammenleben mit unserem Hund. Nein, so hatten wir uns das nicht vorgestellt. Langsam und schleichend und dann immer schneller kippt alles wieder ins alte Muster und der Filter wendet sich wieder der früheren Aufgabe zu, die er viel erfolgreicher ausführen konnte. „Du wirst das nie mit deinem Hund hinbekommen.“ Die alte Wahrheit gewinnt wieder die Oberhand. Zufrieden nickt unser Wächter und lehnt sich zurück, denn alles ist wieder wie gehabt und geht seine geordneten Bahnen. Bloß keine Energie verschwenden für neue Filterausrichtungen. Schneller als man denkt, findet man sich in alten Fahrwassern wieder und folgt wieder den alteingesessenen Mustern. Der Wächter ist wieder mit seiner ursprünglichen Konzentration auf das Negative beschäftigt. So ist es fast unmöglich, das positive Ereignis ebenso stark wahrzunehmen.

FÜR MANCHES SIND WIR BLIND

Unzählige Versuche der Wahrnehmungspsychologie bestätigen diese Schwierigkeit. Wenn du die „Gorilla-Studie“ noch nicht kennst, so kannst du das entsprechende Video im Internet suchen und das zweiminütige Experiment selbst ausprobieren, bevor du weiterliest. In dieser Studie wurde die Aufgabe gestellt, sechs Basketballer zu beobachten und die Pässe der weiß gekleideten Spieler zu zählen. Allerdings läuft dabei eine Person in einem Gorillakostüm für einen Moment durch die Basketballspieler. Völlig offensichtlich, doch ein hoher Prozentsatz der Probanden bemerkt das nicht. Schuld ist unsere sogenannte Unaufmerksamkeitsblindheit.

Wir benötigen also eine sehr bewusste Entscheidung, uns auf das Positive zu konzentrieren und die Wahrnehmung anders auszurichten. Lassen wir mehr Positives und bunte Farben unser Bewusstsein erreichen, so werden wir eine optimistischere Grundhaltung an uns wahrnehmen. Das Ziel ist nicht, dir ein rosarotes Wolkenkuckucksheim zu basteln und alle negativen Reize zu verbannen. Es geht um eine gesunde Balance.

Wir sehen das, was für uns gerade wichtig ist.

POSITIVE MOMENTE SIND WIE SEIFENBLASEN

Es ist tatsächlich gerade zu Beginn schwieriger, die positiven Dinge zu erkennen, vor allem, wenn es viele oder dramatische Schwierigkeiten im Zusammenleben mit unserem Hund gibt. Wir können diese kaum wahrnehmbaren positiven Momente mit Seifenblasen vergleichen. Sie schweben nicht immer auf Augenhöhe, sind aufgrund ihrer feinen Textur leicht zu übersehen, sind nicht klar abgegrenzt von ihrer Umgebung und sie sind nur für eine kurze Dauer wahrnehmbar.

Doch gerade die tägliche Dosis dieser kurzen Momente ist so wichtig. Eine Vielzahl an kleinen positiven Ereignissen macht zufriedener als wenig große. Die dadurch entstehende Grundzufriedenheit ist eine notwendige Basis, um die so wertvolle Gelassenheit im Umgang mit unserem Hund zu erreichen. Daher ist es immens wichtig, auch diese anfangs kaum sichtbaren Seifenblasen zu erkennen.

Aber es lohnt sich. Je mehr Übung wir damit haben, desto leichter fällt es mit der Zeit, diese zu erkennen.

Das Positive wahrzunehmen, erfordert einen genauen Blick.

Lasse dich inspirieren

Bevor wir uns anschauen, wie uns das im Alltag mit unserem Hund gelingen kann, möchte ich dich mit einer alten, kleinen Geschichte vertraut machen.

Eine alte, weise Frau verließ ihr Haus nur mit einer Handvoll Bohnen in der rechten Hosentasche. Diese dienten ihr jedoch nicht als Mahlzeit. Sie nahm die Bohnen mit, um das Wahrnehmen, Zählen und Erinnern zu erleichtern. Sie zählte nämlich die schönen Momente des Lebens. Alles, was ihre Sinne erfreute, gehörte dazu. Das konnte ein netter Plausch auf der Straße, der Duft einer Blume, ein kühlender Brunnen in der Mittagshitze, das Zwitschern eines Vogels, ein ruhiger Moment der Stille oder das Lachen eines Kindes sein. Wenn sie solch einen Moment wahrnahm, steckte sie eine Bohne von ihrer rechten in ihre linke Hosentasche. Abends vor ihrem Kamin nahm die weise Frau die Bohnen aus ihrer linken Hosentasche. Oh, wie freute sie sich immer auf diesen Moment. Er führte ihr vor Augen, wie viel Positives ihr an diesem Tag widerfahren war. So erinnerte sie sich an so manchen schönen Moment zurück, für den eine Bohne die Hosentasche gewechselt hatte, und konnte sich am Abend nochmals darüber freuen. Auch, wenn es nur eine einzelne Bohne war, die die Tasche wechselte, so schaute sie trotzdem mit Zufriedenheit auf diesen Tag zurück.

HUNDELECKERLIS ALS BELEGE DES GLÜCKS

Nutze diese Geschichte als Inspiration, wenn es dir noch schwerfällt, die positiven Momente im Alltag mit deinem Hund wahrzunehmen. Finde das kleine Glitzern in eurem Zusammenleben wieder.

- Packe dir am Morgen statt Bohnen kleinen Hundefutterstücke oder Leckerlis in eine Tasche.
- Lass diese in eine andere Tasche wandern, sobald du einen schönen Moment mit deinem Hund erlebt hast.
- Lege die Kriterien dafür selbst fest. Du kannst die Futterstücke für schöne gemeinsame Wohlfühlmomente wandern lassen oder nur für bestimmte The-

men: Wenn dein Hund beispielsweise auf dein Hörzeichen reagiert, wenn eine Hundebegegnung gut funktioniert hat oder dein Hund Situationen gemeistert hat, die ihn zuvor geängstigt haben.

- Es soll natürlich kein Futterberg zusammenkommen oder die Tasche immer gänzlich leerbleiben.
- Füttere (wenn du möchtest) deinem Hund die Belege des Glücks am Abend.
- Erinnere dich beim Füttern an die positiven Momente zurück. Durch diese Aufmerksamkeit hallen sie in dir nach.
- Denke an die weise Frau: Auch wenn nur ein Futterstückchen die Tasche wechseln konnte, so blicke trotzdem mit Zufriedenheit auf den Tag.

An dieser Stelle möchte ich ausdrücklich darauf hinweisen, dass diese Methode, positive Dinge bewusster wahrzunehmen, nichts damit zu tun hat, dass sich der Hund nur durch Wohlverhalten sein Futter verdienen muss und er ansonsten nichts zu fressen bekommt. Diese zuweilen immer noch empfohlene Methode lehne ich ausdrücklich ab.

Du kannst statt Futter auch andere Dinge, wie Kichererbsen, Bohnen oder kleine Steine nehmen. Was auch immer dir einfällt.

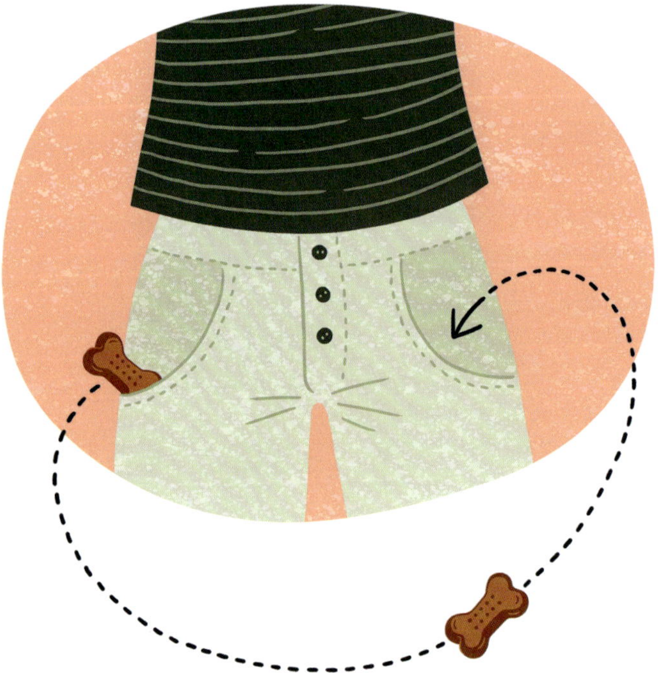

Das Positive sichtbar machen

Gestalte eine wertvolle Sammlung

Da unser Gedächtnis sich leichter an negative Eindrücke erinnert, ist es wichtig, das Positive leicht zugänglich abzuspeichern.

Um gelungenen Situationen mit dem Hund zu notieren, eignet sich ein eigens dafür angelegtes Notizbuch. Dazu zählen auch vermeintlich kleine Begebenheiten, die gerne untergehen. So kannst du dir aufschreiben, wann dein Hund prompt auf ein Kommando reagiert hat, oder auch einfach nur schöne Augenblicke notieren. Ruhige Momente am Abend eignen sich gut für diese Tätigkeit. Wenn du Freude daran hast, so kannst du das Lieblingsbild deines Hundes auf dein Notizblock drucken lassen.

Hilfreich ist auch, wenn du dir zur Gewohnheit machst, bei jedem Spaziergang an zwei positive Ereignisse mit deinem Hund zu denken. Rufe dir diese Situationen vor Augen und versuche, dich an möglichst viele Details zu erinnern. Wie ist die Situation abgelaufen? Welche Gefühle hattest du dabei?

Wenn etwas mit deinem Hund gut geklappt hat, so mache von diesem Moment innerlich ein „Mental-Foto“, auch wenn es nur eine vermeintliche Kleinigkeit ist. Dieses Bild kannst du dir abspeichern und immer wieder gedanklich betrachten. Das Wohlgefühl dabei wird dir helfen, deinen Filter immer mehr auf solche Situationen auszurichten und deine Zuversicht wird wachsen.

Wenn es die Möglichkeit gibt, von diesen Momenten Videos zu machen, so kannst du dir diese immer wieder anschauen oder sogar mit etwas Geschick und der passenden App aus einzelnen Szenen einen kleinen Film zusammenschneiden.

Diese Eindrücke, diese Bilder, diese Gefühle dabei: Das alles sammelt sich dann in deinem Unterbewusstsein und wird damit zu einer hilfreichen Quelle deines Denkens. Wenn du dich am Anfang regelmäßig erinnerst, nach solchen positiven Ereignissen zu suchen, so wird dein Unterbewusstsein mit der Zeit anfangen, selbstständig danach zu suchen, und richtet deine Wahrnehmung eher auf die Sonnenseite aus.

”

Es gibt überall Blumen,
für den, der sie sehen will.

Henri Matisse, französischer Maler und Bildhauer

ZUVERSICHTLICH DENKEN

Zuversicht hat eine beeindruckende Macht. Im Prinzip ist es eine Form der Prophezeiung, die wir selbst abgeben. Wir treffen durch unser Denken eine Annahme über die Zukunft. Ein zukünftiger Weg mit Schlaglöchern und Anhöhen. Trotzdem sind wir guter Dinge, alles zu bewältigen. Das hat dann die Folge, dass wir unser Verhalten (bewusst oder unbewusst) so ändern, sodass diese Annahme tatsächlich real wird. So funktioniert auch der berühmte Placebo-Effekt: Der Glaube, dass eine Medizin wirkt, führt zu einer Verbesserung. Ähnlich verhält es sich beim weniger bekannten Nocebo-Effekt. Eine Überzeugung, dass etwas schädlich ist, hat dann tatsächlich negative Auswirkungen. Unsere Erwartungshaltung beeinflusst also das Ergebnis.

Sind wir zuversichtlich, so schauen wir eher darauf, welche Fähigkeiten wir zur Verfügung haben, als darauf, welche uns fehlen. Durch dieses

Solch ein Regal sollte jeder haben

Bewusstsein sind wir in der Lage, unsere zur Verfügung stehenden Mittel sinnvoll einzusetzen. Wir können wieder an uns glauben und erhalten Zuversicht, dass wir durchaus in der Lage sind, die Herausforderungen mit unserem Hund anzugehen.

Forme zuversichtliche Gedanken

Halte immer mal wieder inne und überprüfe, ob du pessimistische Gedanken wahrnehmen kannst. Das wird dir am Anfang recht ungewohnt vorkommen, ist aber reine Gewohnheitssache. Sobald du pessimistische Gedanken erkennst, so erinnere dich an die zuvor beschriebenen Effekte: Du bekommst, was du erwartest. Ersetze also diese Gedanken sinnvollerweise durch zuversichtliche. Das ist allerdings etwas anspruchsvoller, als das häufig empfohlene „Alles wird gut!“ zu denken.

Wenn du zuversichtliche Gedanken hast, dann

... glaubst du, dass herausfordernde Situationen mit deinem Hund abänderbar sind

... glaubst du, dass unangenehme Erlebnisse sich nicht über dein gesamtes Zusammenleben mit dem Hund erstrecken, sondern nur einen kleinen Anteil ausmachen

... bist du stolz auf dich, wenn etwas mit deinem Hund besser gelungen ist als beim letzten Mal

... erwartest du einen guten oder zumindest besseren Ausgang bei der nächsten Herausforderung mit deinem Hund

... erinnerst du dich bewusst an die schönen Momente mit deinem Hund

Nimmst du pessimistische Gedanken wahr, so wähle aus dieser Aufzählung einen Aspekt und forme auf dieser Grundlage für dich optimistische und hilfreiche Gedanken. Die Sätze sollen zu dir passen und sich natürlich anfühlen. Du kannst sie denken oder auch laut aussprechen. Diese Sätze nehmen nun den Raum ein, den du den pessimistischen Gedanken nicht mehr zugestehst. Je mehr du sie dir ins Gedächtnis rufst, umso besser setzen sie sich fest und verankern sich. Dann können sie durch die kleinen Pessimisten nicht mehr so leicht vertrieben werden. Wähle am nächsten Tag zwei andere Aspekte. Probiere auch diese Sätze aus. Arbeite dich so durch die Liste. Dadurch werden sich die für dich Hilfreichsten herauskristallisieren und ermöglichen dir, einen großen Vorrat an zuversichtlichen Gedanken anzulegen. Davon kann man nie genug haben.

Aus dieser inneren Überzeugung heraus bleiben wir zielstrebig und geben auch bei Misserfolgen nicht so leicht auf. Wenn wir ohne Zuversicht mit unserem Hund agieren, sehen wir keine Chance mehr auf eine Verbesserung. Leider verabschiedet sich die Zuversicht mit jedem unangenehmen Ereignis mit unserem Hund oft still und leise. Dies öffnet den Raum für pessimistische Gedanken, die dann die Oberhand gewinnen und uns schwächen. Meistens durchdringen sie unser Denken, ohne dass wir es wirklich bemerken. Sie agieren unbemerkt im Hintergrund. Doch es ist wichtig wahrzunehmen, wann diese Gedanken aufkommen. Nur dann können wir dagegen etwas unternehmen. Zuversichtliche Gedanken zu haben, ist glücklicherweise erlernbar.

Unser Denken formt die Zukunft.

Stolperstein auf deinem Weg

Die Zuversicht hat nichts mit einem übertriebenen positiven Denken zu tun. Da gilt der gefährliche Anspruch, dass man bei jeder schwierigen Situation eine positive Einstellung behalten soll. Diese Lebenshaltung kann immensen Druck verursachen. Doch auch negative Gefühle gehören zu unserem Leben dazu.

DIE MACHT DER WORTE

Die Wahl unserer Worte hat einen mächtigen Einfluss auf unsere Gedanken und Handlungen. Damit gestalten wir auch, wie wir denken, und festigen innere Überzeugungen. Studien belegen, dass beispielsweise die Namen von Schülern einen Einfluss auf die Bewertung der Lehrkraft haben. Auch sich selbst kann man über Sprache manipulieren. Wird ein Essen nach „Großmutters Art“ zubereitet, so erhält es eine bessere Bewertung als ohne dieses sprachliche Attribut. Sich über solche Zusammenhänge bewusst zu werden, fördert so manches Puzzleteil für fehlende Zuversicht und Gelassenheit zu Tage.

WIE SPRECHE ICH ÜBER MEINEN HUND

„Pizzarand-Hund“ ist eine ungewöhnliche, aber sehr liebevolle Bezeichnung für einen Hund, der sich vom Wesen her eigentlich immer ein Stück des Pizzarandes verdient hat. Durch solche oder andere wertschätzende Bezeichnungen wird die positive Seite des Hundes betont. Dieser vermeintlich kleine Impuls kann bedeutsame Auswirkungen in einer Hund-Mensch-Beziehung haben. Die Bezeichnung unserer Hunde hat nämlich einen nicht zu unterschätzenden Einfluss auf unser Unterbewusstsein.

Wähle einen geeigneten Namen

Hast du dir jemals Gedanken gemacht, ob die Bezeichnung deines Hundes deine zuversichtliche Denkweise beeinflussen könnte?

Du kennst bestimmt Kosenamen für Hunde wie Kampfmaschine, Luzifer, Leinenpöbler oder Alphazicke. Oftmals tragen Hunde das auch lesbar am Geschirr. Vielleicht hast du auch Bezeichnungen für deinen Hund, die in eine ähnliche Richtung gehen. Oberflächlich betrachtet sind diese in aller Regel humoristisch gemeint. Doch können solche Aussagen durchaus zu einer vermeintlichen Wahrheit werden.

Wenn du innerlich überzeugt bist, dass dein Hund ein Leinenpöbler ist, dann ist es umso schwerer, dagegen anzuarbeiten. Oft höre ich beim Hundetraining auch Aussagen wie „Er ist halt so". Aber das sind unsere Hunde eben nicht. Wir drücken ihnen den Stempel auf, so zu sein. Vielleicht ist es an der Zeit für einen neuen Kosenamen für deinen Hund. Finde ihn, wenn du ruhige Situationen mit deinem Hund erlebst, und nicht, wenn er sich gerade von der Seite zeigt, mit der du dich schwertust.

Jeder Hund verdient einen wohlwollenden Spitznamen

Stolperstein auf deinem Weg

Manchmal bist du es gar nicht selbst, der deinen Hund mit ungeeigneten Namen versieht. Achte darauf, ob Personen aus deinem Umfeld dies machen. Das kann sich in deinem Unterbewusstsein verankern und entsprechende Auswirkungen auf deine Gedanken über deinen Hund haben.

WIE SPRECHE ICH ÜBER MICH

Unser Weg zu mehr Gelassenheit führt uns auch zur Auseinandersetzung, wie wir über uns selbst sprechen. Es ist faszinierend, wie etwas so Offensichtliches gleichzeitig solch eine unbemerkte Wirkung in uns entfalten kann. Es lohnt sich, hier mal genauer hinzuschauen.

„ICH VERSUCHE ES"

Dies ist eine häufig verwendete Formulierung im Hundetraining. Ich wünsche dir, dass du einen Trainingspartner an deiner Seite hast, der dich auf die Verwendung dieser Aussage hinweist. Denn etwas zu versuchen, impliziert die Möglichkeit des Scheiterns. Diese wird immer in deiner Interaktion mit dem Hund mitschwingen. Dieser wird es durch seine feine Wahrnehmung merken. Streiche einfach dieses Wort. Versuche nicht etwas zu machen, sondern mache es. Das gelingt allerdings nur, wenn du einen klaren Plan hast, bevor du agierst.

„ALLE UND JEDER"

Achte darauf, ob du häufig Begriffe wie „alle" und „jeder" verwendest. „Alle haben einen Hund, der zu anderen Hunden freundlich ist." In dieser Aussage steckt gleichzeitig: „Nur ich nicht." Welches innere Bild entsteht da? Skizziere es in deinen Gedanken. Das wird ein ziemlich entmutigendes Motiv. Ich sehe dich isoliert stehen. Mit hängenden Schultern und einem tobenden Hund. Weit entfernt steht eine lächelnde und zufriedene Menschenmenge, jeder Einzelne mit einem freundlichen Hund an der Leine. Vereinzelung und nicht Teil der Gemeinschaft zu sein: Das schmerzt. Mit diesem inneren Bild wirst du keine gelassen- souveräne Ausstrahlung herstellen können. Doch wie kannst du das besser formulieren?
Bemühen wir unser Denkerhirn, um das ganze sachlich zu betrachten: Du bist nicht allein. Dein gesunder Menschenverstand sowie deine Beobachtungsgabe sagen dir, dass es landesweit unglaublich viele Menschen gibt, die ein ähnliches

Problem haben. Also kannst du wahrheitsgemäßer formulieren: „Ich gehöre zu den Menschen, die einen leinenaggressiven Hund haben." Was verändert sich? Du bist nicht mehr allein und isoliert mit deinem Problem. Du bist auch Teil einer Gemeinschaft, wenn auch einer Leidensgemeinschaft. Dadurch ergeben sich zeitgleich viel mehr Handlungsoptionen. Wie lösen das die anderen, wie gehen die mit dem Thema um, wo erhalten die Hilfe?

"

[…] denn von den Gedanken
nimmt die Seele ihre Farbe an.

Marc Aurel, römischer Kaiser und Philosoph

„NIE UND IMMER"

Ähnliche Wirkung haben Wörter wie „nie" und „immer". „Das gelingt im Alltag nie ohne Trainer", „Nie hört der Hund auf mich", „Immer macht er das". Für manche sind es lediglich sprachliche Übertreibungen. Für andere ist die Wirkung deutlich stärker. Skizziere auch für diese Aussagen wieder die passenden gedanklichen Bilder. Darauf wird sichtbar, dass dein Hund etwas null Sekunden macht und im letzten Fall 24 Stunden. Ja, da solltest du ins Zögern kommen, ob das so wirklich stimmen kann. Doch wenn du das immer wieder so formulierst gegenüber deinem Trainer, deiner Familie, dem Nachbarn, der Schwiegermutter, der Beraterin im Futterladen und vor allem dir selbst, dann hast du daraus ziemlich flink eine innere Überzeugung gestrickt. Wie soll es dir aber möglich sein, mit dieser inneren Haltung irgendetwas zu verändern? Dein Einfluss auf den Hund geht laut eigener Aussage ja gegen Null.

„ICH HOFFE NICHT, DASS …"

Dann gibt es noch die Formulierungen mit „nicht": „Ich hoffe nicht, dass …", „Hoffentlich macht er/sie nicht …", „Nicht aufs Sofa springen!", „Bitte nicht wieder so ausflippen und schnappen", „Renn' nicht wieder wie ein wildes Huhn!".
Skizzierst du diese Aussagen vor deinem geistigen Auge, so entsteht ein riesiges Wimmelbild voll mit Verhaltensweisen, die der Hund nicht machen soll. Chaos pur. Hintergrund ist, dass unser Gehirn das Wort „nicht", das in so vielen unserer Botschaften an den Hund eine Rolle spielt, nicht verarbeiten kann. Hast du also Gedanken, die das nicht erwünschte Verhalten enthalten, so formen sich daraus trotzdem die entsprechenden Bilder. Diese transportierst du mit jeder Pore, jedem

Muskel und jedem Gedanken nach außen und sie sind damit für deinen Hund problemlos lesbar. Leider ist das nur eine andere Botschaft, als du eigentlich aussenden möchtest.
Überprüfe deine Botschaften und damit die entstandenen Bilder, die du deinem Hund übermittelst: Welcher Unsinn da doch entsteht. Du kommunizierst das Nichterwünschte. Diese wirre Botschaft würde ein gelassener und klarer Hundehalter doch niemals aussenden. Selbst der willigste Hund wird sich durch diese widersprüchlichen Signale verunsichern lassen. Unsere Hunde sehnen sich nach Klarheit. Formuliere in deiner Botschaft genau, was du möchtest. Dann entstehen Bilder in deinem Kopf mit dem erwünschten Verhalten des Hundes und zeigen damit auch deine Zuversicht.

Selbst kleine Worte zeichnen mächtige Bilder in unseren Köpfen.

WIEDER VERSAGT - UND TROTZDEM ZUVERSICHTLICH BLEIBEN

Das Gefühl, sich unfähig zu fühlen und die Zuversicht zu verlieren, ist ein sehr lautes. Es brüllt uns förmlich an und das gefühlt in beide Ohren gleichzeitig. Es trifft uns. Den einen etwas mehr, den anderen etwas weniger. Viele von uns kennen es, doch nur wenige reden darüber.
Es entsteht in typischen Situationen. Momente, in denen wir falsch reagiert haben, obwohl wir es eigentlich besser wissen. Momente, in denen wir etwas nicht hinbekommen, obwohl wir es eigentlich inzwischen können sollten. Momente, in denen wir uns ärgern, dass etwa nicht hätte passieren dürfen. Das Gefühl verschärft sich, wenn es Beobachter unseres vermeintlichen Versagens gibt. Denn dann gesellt sich das Gefühl der Scham noch hinzu.
Und schon drücken wir selbst den Knopf an uns „Wieder versagt". Es laufen nun wie so oft blitzschnell häufig durchgespielte automatische Gefühle und Gedanken ab. Es werden Selbstvorwürfe laut, die Kaskade aus negativen Gedanken nimmt ihren Lauf. Dabei gehen wir oft sehr hart mit uns ins Gericht. Wir verurteilen uns für unser vermeintliches Scheitern und sind dabei häufig deutlich ungnädiger als mit anderen Menschen.
Fehler passieren. Jedem, immer und überall. Je mehr du dich abwertest, umso mehr Misserfolge werden folgen. Unser Umgang mit uns selbst hat nämlich nicht zu unterschätzende Folgen für unsere Selbstachtung. All die Gedanken und Worte,

die wir für uns finden, lagern wir ein in unser Unterbewusstsein. Damit bauen wir im Laufe der Zeit ein Bild von uns auf, wie wir selbst über uns denken. Dieses Bild lebt von diesen negativen Gedanken: Tag um Tag. Woche für Woche. Jahr für Jahr. Und ehe wir es bemerken, halten wir dieses Bild für die Wahrheit. Wir müssen also sehr vorsichtig sein mit unseren Gedanken, die wir über uns haben.

DIE SCHALE DER SELBSTACHTUNG

Vielleicht hilft dir das Bild von einer „Schale der Selbstachtung". Es ist eigentlich unsere Aufgabe, diese immer gut gefüllt zu halten. Doch was machen wir stattdessen viel häufiger? Wir leeren sie durch unsere Selbstverurteilung. Gerade in Momenten des Scheiterns schütten wir sie gern komplett aus. So geht man nicht mit sich um. Wir denken häufig, dass es sich gehört, nach einem Misserfolg so mit uns selbst zu sprechen. Nein. Das tut es nicht! Da haben wir irgendwann mal eine falsche Programmierung erhalten und haben diese irrige Annahme zu unserer Wahrheit gemacht. Ein angemessenes Verhalten ist vielmehr, Fehler wahrzunehmen, aus ihnen zu lernen, aber trotzdem wertschätzend mit sich umzugehen. Das gelingt uns, indem wir nachsichtig und verständnisvoll mit uns sprechen und wohlwollend über uns denken, auch wenn etwas misslungen ist. Das passiert. Unsere Aufgabe für eine innere Gelassenheit und Zuversicht ist doch gerade, die Schale der Selbstachtung immer gut zu füllen. Denn Selbstachtung ist eine elementare Voraussetzung, um ein verlässlicher und gelassener Sozialpartner für unseren Hund zu sein.

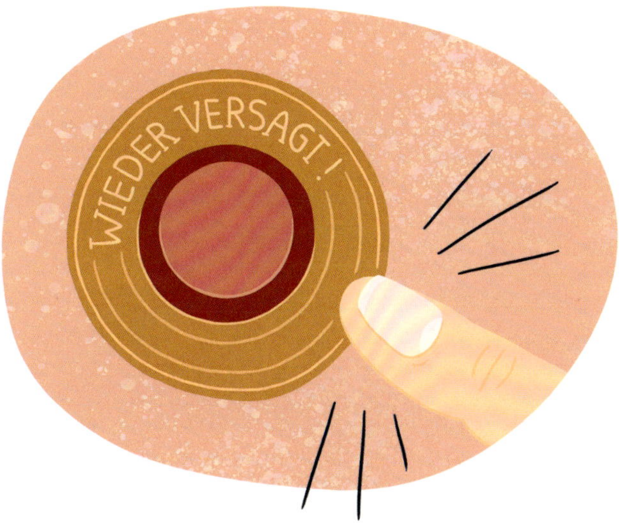

Vom Drücken bestimmter Knöpfe

Auch der Hundetrainer, zu dem du vielleicht aufschaust, hatte mit seinen Hunden schon mal an irgendeinem Punkt Misserfolge. Ganz sicher. Was glaubst du, wie er oder sie damit konstruktiv umgegangen ist? Tatsächlich kann diese Frage sehr hilfreich sein. Dadurch hast sich schon manche sinnvolle Idee für den Eigengebrauch ableiten können.

Profitiere von einer Emotionszone

Natürlich kannst du dich auch mal ärgern, dich für dein Verhalten oder das deines Hundes schämen und mal emotional werden. Sehr hilfreich sind auch die Formulierungen, dass man sich durchaus auch „freudig schämen" oder „freundlich ärgern" kann.

Eine Möglichkeit, die auch Profisportler verwenden, ist das Arbeiten mit einer Emotionszone, wenn etwas nicht rund gelaufen ist:

- Halte dafür kurz an und lege auf dem Boden einen Bereich fest, in dem du deine Gefühle und Gedanken sowie alle Bewertungen zulässt.
- Sollte dein Hund an der Leine sein, so lasse diese bitte lang. Für viele Hunde ist die Energie, die du in dieser Phase ausstrahlst, nur sehr schwer auszuhalten. Gib ihm Raum, sich von dir zu entfernen. Wichtig ist auch, dass du deinen Hund in dieser Emotionslage nicht anschaust, er würde es auf sich beziehen.
- Halte dich nicht zu lange in dieser Zone auf.
- Tritt dann bewusst aus dieser heraus, verbunden mit der Aussage „Ende der Emotionen".
- Unterstreiche das Ende der Emotionsphase zusätzlich mit einem laut ausgesprochenem „Stopp" und dem Heben deines Armes.
- Betritt nun bewusst den Bereich der sachlichen Analyse und akzeptiere das Gewesene.
- Überlege dir ein bis zwei Dinge, die du beim nächsten Mal ändern würdest, sollte eine ähnliche Situation wieder auftauchen.

Wenn du merkst, dass nun beim Fortsetzen deines Weges die Emotionen wiederkommen, hast du zwei Möglichkeiten:

- Gehe wieder zurück in die Emotionszone.
- Reguliere deine Gedanken und/oder Emotionen. Methoden dafür findest du in den entsprechenden Kapiteln dieses Buches.

EIN ANDERER UMGANG MIT DIR

Gehe in diesem Prozess immer wohlwollend mit dir um und finde aufbauende und zuversichtliche Worte für dich. Damit das leichter gelingt, hat sich folgender Ratschlag oft als hilfreich erwiesen: Sprich so mit dir, als würdest du einen guten Freund unterstützen wollen. Ich glaube nicht, dass du ihm die Schale der Selbstachtung über dem Kopf ausleeren würdest, wie du es vielleicht früher bei dir selbst getan hast. Sprichst du ab sofort in Situationen des Scheiterns anders mit dir, wird sich etwas verändern. Nicht heute und nicht morgen. Bleibe aber beharrlich zuversichtlich mit dir. Ändere deine Gedanken über dich und du wirst überrascht sein, was sich verändern kann und wie machtvoll diese Methode ist. Diese Änderungen kommen oft auf leisen Sohlen. Überhöre und übersieh sie nicht. Je eher du sie wahrnimmst, umso besser können sie gedeihen.

Die Schale der Selbstachtung sollte immer gut gefüllt sein.

Stolperstein auf deinem Weg

Vielleicht ist auch etwas gründlich misslungen und du weißt überhaupt nicht, was du hättest ändern können, auch diese Situationen gibt es. Durch ständiges Grübeln wirst du keine hilfreichen Ergebnisse erhalten. Lass diese Gedanken los. Genieße dann sehr bewusst die Zeit mit deinem Hund.

”

Ich verliere nie.
Entweder gewinne ich oder ich lerne.

Nelson Mandela, südafrikanischer Politiker und Freiheitskämpfer

MANCHMAL GIBT ES KEINE LÖSUNG. NUTZE ES!

Das Thema, dass es für manche Probleme und Herausforderungen keine Lösungen gibt, darf nicht verschwiegen werden. Es ist sehr schambehaftet, da es mit Scheitern einhergeht. Eine Welt, in der zunehmend das Äußere an Bedeutung gewinnt und der Schein vor dem Sein regiert, erschwert das zusätzlich.

Es gibt Probleme mit dem Hund, die deine körperliche Unversehrtheit in Frage stellen. Probleme, die man aufgrund seiner Familiensituation oder der eigenen Konstitution nicht mehr länger tragen kann. Es gibt gute Gründe, einen Hund abzugeben. Die Verurteilung solcher Menschen, die sich zu diesem Schritt entscheiden, nimmt in manchen sozialen Netzwerken oft ungeahnte Ausmaße an. Ich halte es für eine verantwortliche Entscheidung und ich kenne kaum einen Fall, bei denen das den Menschen leichtgefallen ist. Der Leidensweg ist in der Regel sehr lang, bis man sich zu diesem Schritt durchringen kann.

Es gibt aber auch Herausforderungen mit dem Hund, an denen man scheitert, die aber nicht zu einer Abgabe des Hundes führen. Für manche Familien bedeutet das unglaublich viel Organisation, Management und Verzicht. Es gibt aber auch unlösbare Probleme, die sehr an den Nerven zehren und zuweilen den Besitzer deutlich mehr stören als die Außenwelt. Egal, wie hoch der individuelle Leidensdruck ist, für alle gilt: Eine als belastend wahrgenommene Situation kann nicht gelöst werden. Also bleibt nur eine Möglichkeit, wenn das Außen nicht veränderbar ist: Die Veränderung der inneren Haltung.

”

> Wenn wir nicht mehr in der Lage sind
> die Situation zu ändern,
> besteht die Herausforderung darin,
> uns selbst zu ändern.
>
> Victor Frankl, österreichischer Neurologe und Psychiater

Stelle die richtigen Fragen

Elementar ist, dass du einer Lebenssituation (wie unlösbar und belastend sie auch immer sein mag) nicht erlaubst, dich zu kontrollieren. Vielmehr bist du es, der die Situation beherrscht. Dabei darfst du von einem Ziel nie abweichen, das über allem steht: In dieser Situation etwas zu finden, was du in etwas Sinnvolles umwandeln kannst. Victor Frankl, ein jüdischer Psychiater mit schrecklichen Erfahrungen in der NS- Zeit, hat uns diesen bemerkenswerten Ansatz hinterlassen.

Um dein Denken im Sinne Frankls zu verändern, kannst du dich mit den folgenden Fragen auseinandersetzen. Es sind Fragen, die sich vielleicht erst nach längerer Zeit des Nachdenkens beantworten lassen oder gegen die du dich innerlich sperrst. Fragen, deren Antworten im nächsten Jahr anders lauten als die morgigen. Es sind wertvolle Fragen. Fragen, die die Macht haben, deine Gedanken in einer Art und Weise anzustoßen, sodass du aus der schwierigen Situation mit deinem Hund einen Nutzen ziehen kannst. Nimm dir diese Fragen mit, packe sie gut ein, lass sie in geeigneten Momenten in deinen Geist und lasse sie wirken. Das braucht Zeit. Nimm sie dir.

- Für was trainiert mich diese Herausforderung mit meinem Hund? Was lerne ich daraus?
- Welche positiven Veränderungen in meinem Denken kann ich daraus schöpfen?
- Kann ich anderen Hundehaltern ein Vorbild sein? Gibt es etwas, das ich ihnen aufgrund meiner Erfahrung, keine Lösung gefunden zu haben, weitergeben kann?
- Inwiefern kann mich die Herausforderung mit meinem Hund stärker machen?
- Wie kann meine innere Haltung aussehen, dass ich mit Würde und Selbstachtung durch diese problematische Zeit gehe und nicht zulasse, dass die Situation mich kontrolliert oder zermürbt?

Wie du SOUVERÄN handeln kannst

HANDLUNGSFÄHIGKEIT SPÜREN

Wie oft schweift man auf der Suche nach Gelassenheit und Unterstützung im Umgang mit dem Hund in die Ferne. Wer ahnt schon, dass die tatsächliche Lösung unvermutet nahe liegt.

Die Herausforderungen mit dem Hund wollen nicht schwinden, die Hoffnung, mehr Gelassenheit zu erreichen, ist in weite Ferne gerückt. Vielleicht sind wir Dauergast in einer Hundeschule, suchen nach Rat in entsprechenden Büchern, lauschen passenden Webinaren oder versuchen einfach, die Herausforderungen selbst zu lösen. Um dann irgendwann in einem Durcheinander an Wissen, Weisheiten und Widersprüchen den Plan aufzugeben, jemals die erhofften Ziele zu erreichen. Eine Ursache ziehen wir jedoch nicht in Erwägung. Nämlich, dass wir einfach nur das Vertrauen verloren haben. In der Regel aber nicht in Trainer oder Methoden, sondern in uns selbst.

Es fehlt das Vertrauen, selbst etwas bewirken zu können und den Weg zur Gelassenheit aus eigener Kraft weitergehen zu können. Im Hundetraining machen wir dann noch eine weitere Beobachtung: Nämlich die, dass wir nur in der Lage sind, uns souverän und gelassen dem Hund gegenüber zu verhalten, wenn wir eine konstante Anleitung vom Trainer bekommen. Nur in seiner Nähe erreichen wir die so sehnsüchtig gesuchte Gelassenheit. Unbemerkt verlieren wir Stück für Stück das Zutrauen in unsere eigene Urteils- und Handlungsfähigkeit. Wir sind nicht in der Lage, das Erlernte auch allein umzusetzen. Es ist an der Zeit, den Glauben an die eigene Handlungsfähigkeit wieder zu stärken. Das ist auch für unseren Hund bedeutsam. Natürlich sind wir mal aufgeregt. Bleiben wir dann trotzdem handlungsfähig, so wächst das Vertrauen des Hundes in uns.

”

Wenn wir alle Dinge tun würden,
zu denen wir fähig sind,
würden wir uns selbst in Erstaunen versetzen.

Thomas Edison, amerikanischer Erfinder

SEI KEIN FLOH!

Zu diesem Thema gibt es eine wunderbare kleine Geschichte. Es lässt sich allerdings nicht herausfinden, ob das darin beschriebene Experiment tatsächlich mal so oder so ähnlich durchgeführt wurde. Aber da wir so viel Wertvolles daraus mitnehmen können, ist hier die Geschichte:
Wissenschaftler (oder wer auch immer) steckten einige Flöhe in einen Glasbehälter. Diese sprangen munter heraus. Immer wieder, auch als die Glasseiten immer wieder erhöht wurden. Kein Problem für die springfreudigen kleinen Kerle. Das machten sie so lange, bis ein Glasdeckel ihnen das unmöglich machte. Auch ein Floh möchte sich nicht immer den Kopf stoßen. Also reduzierten sie ihre Sprunghöhe und passten sich der reglementierten Höhe an. Dann wurde der Glasdeckel wieder entfernt. Was denkst du taten die Flöhe? Genau, sie sprangen nicht wieder höher und blieben bei der zuvor angepassten Sprunghöhe.

… UND DIE MORAL VON DER GESCHICHTE

Wir machen es oft wie die Flöhe und begrenzen unsere Fähigkeiten mit einem gedanklichen Deckel. Das, was wir als Grenze wahrnehmen, existiert viel zu häufig nur in unserer Vorstellung. Vielleicht wurde sie uns irgendwann mal eingeredet oder wir haben diese vermeintliche Begrenzung unserer Fähigkeiten uns selbst auferlegt. Vielleicht gab es diese Begrenzung tatsächlich, ist aber inzwischen gar nicht mehr vorhanden, da unsere Fähigkeiten gewachsen sind. Solche Begrenzungen wurden zu einer inneren Überzeugung, die wir in uns tragen. Diese kann ein Grund sein, dass wir uns selbst wenig Handlungsfähigkeit zutrauen.
Es ist grundsätzlich sinnvoll, Gegebenheiten zu akzeptieren, statt andauernd mit dem Kopf gegen Topfdeckel oder vielmehr Wände anzurennen. Es macht jedoch keinen Sinn, vermeintliche Begrenzungen nicht immer wieder zu hinterfragen. Gerade in Zusammenhang mit unserem Hund neigen wir oft dazu, unsere Fähigkeiten schlechter einzuschätzen, als sie tatsächlich sind.

Begrenze dich nicht ohne guten Grund

Sei kein Floh! Lass dich nicht von unsichtbaren Grenzen in deinem Handeln einschränken. Verlasse die passive Rolle und werde aktiv und handle. Schaue nach, ob vermeintliche Grenzen, die dein Kopf dir vorgibt, wirklich existieren. Das ist der erste Schritt, um deine Herausforderungen und Ziele aus eigener Kraft heraus erreichen zu können. Entwickele dein eigenes Bild für diese neue Rolle und rufe es dir immer auf, sobald du ein Gefühl der Hilflosigkeit in dir wahrnimmst. Du kannst dir beispielsweise als Gedanken den Glasdeckel des Flohgefäßes vorstellen, den du entfernst. Du kannst dich als Steuermann eines Schiffes sehen oder dich dabei beobachten, wie du den Rücksitz eines Autos verlässt, um auf dem Fahrersitz Platz zu nehmen. Dieser bewusste Schritt ist sehr wichtig, um innerlich diese Aufgabe wirklich anzunehmen. Du übernimmst dadurch Verantwortung für dich. Natürlich war die andere Rolle vielleicht sogar etwas bequemer, aber nur in dieser neuen Position kannst du aktiv Veränderungen einleiten. Auf dem Rücksitz bleibt alles beim Alten. Entscheide dich aber bewusst dafür, wenn du dort sitzen bleiben möchtest. Auch dafür gibt es gute Gründe. Aber dann akzeptiere auch alle Folgen, die sich daraus ergeben und hadere nicht damit. Nur wir allein sind für unser Wohl verantwortlich.

DIE DREI SPHÄREN – MEIDE EINE

In Anlehnung an den Business-Coach Stephen R. Covey möchte ich dir ein simples, aber enorm kraftvolles Instrument an die Hand gegeben. Darin gibt es drei Sphären, auf die du unterschiedliche Einflussmöglichkeiten hast:

- Dein Einflussbereich: Hier gestaltest du. Du allein kannst hier etwas verändern. In erster Linie sind das Dinge, die dich betreffen: dein Verhalten, deine Gedanken, deine Gefühle, dein Umgang mit Dingen, deine Reaktionsmuster.
- Geringer Einflussbereich: Hier liegen die Dinge nicht zu 100 % in deiner Hand. In diese Sphäre gehört all das, was du nur in Absprachen und Kooperation mit anderen Menschen verändern kannst. Aber auch das Training mit deinem Hund findet sich in diesem Bereich, da du auch da nicht allein entscheidest, denn es gibt ein Gegenüber mit eigenen Bedürfnissen.
- Kein Einflussbereich: Hier befindet sich alles, an dem du in Teilen großes Interesse hast. Allerdings kannst du hier nichts verändern, egal wie sehr du dir das von Herzen wünschst. Du hast in dieser Sphäre keinen Einfluss.

In einer der Sphären bewegen wir uns liebend gerne, aber rennen leider auch immer wieder gegen Wände und holen uns ein blaues Auge. Bisher haben wir den Grund nicht gewusst. Doch es ist so einfach wie offensichtlich: Wir agieren allzu gerne in der äußersten Sphäre. Das ist ein zielsicheres Vorgehen, um unsere Gelassenheit zu verlieren. Wir können hier nur scheitern, da wir dort gar keinen Einfluss haben. Besonders gerne wirken wir in der äußeren Sphäre, wenn es um andere Personen geht. Die Wahrheit ist jedoch: Wir können andere Personen nicht verändern. Wir selbst können uns selbst nur verändern, wenn wir wirklich wissen, warum wir das tun, und müssen für die Veränderung unserer Persönlichkeit viel Energie aufwenden. Selbst dann funktioniert es nicht immer. Es bleibt also nur, andere in ihrer Persönlichkeit zu akzeptieren. Daher sollte unser Fokus immer auf unserem Einflussbereich liegen. Nur hier ist unsere Energie sinnvoll eingesetzt und nur hier können wir erfolgreich handeln. Das führt zu einer Steigerung unserer Selbstwirksamkeit.

Seinen Einflussbereich kennen

Sei dir bewusst, wo du agieren kannst

Frage dich, in welcher Sphäre du agierst. Male dir die drei Sphären auf. Wenn dir ein Thema in den Sinn kommt, das dir in Zusammenhang mit deinem Hund Kopfzerbrechen macht, so trage es in die entsprechende Sphäre ein. Beispielsweise gehört der Themenbereich „Wie andere Menschen auf deinen Umgang mit dem Hund reagieren" in die äußere Sphäre. Wenn du dein Thema ganz außen eingetragen hast, dann überlege, ob du das in deinen Einflussbereich überführen kannst. In der Regel gibt es nur eine Antwort darauf: Ja, wenn es dir gelingt, deine Reaktion auf das Thema zu verändern. Dafür bist ausschließlich du verantwortlich. Ist dir das nicht möglich, so bleibt das Thema in der äußeren Sphäre und kann aber sogleich von dir durchgestrichen werden. Es liegt außerhalb deiner Verantwortung und dein Agieren hier hat immenses Potenzial zu scheitern und dich deiner Gelassenheit zu berauben. Das ist nicht dein Verantwortungsbereich. Lass das Thema los, außer du möchtest dir bewusst ein blaues Auge holen. Du kannst es in deine gedankliche Mülltonne werfen. Restmüll.

Probleme mit deinem Hund liegen in der Regel in der zweiten Sphäre. Du benötigst seine Kooperationsbereitschaft zum Lösen. Überlege auch hier, wie du das Problem in deinen Einflussbereich bringen kannst. Du ahnst es. Es ist allein deine Reaktion auf das Problem.

”

> Du hast Macht über deinen Geist –
> nicht über äußere Ereignisse.
> Erkenne dies, und du wirst Stärke finden.
>
> Marc Aurel, römischer Kaiser und Philosoph

DIE INNERE ÜBERZEUGUNG

Gerade, wenn wir das Gefühl haben, mit dem Hund bei einer Herausforderung auf der Stelle zu treten, so hilft eine zentrale Frage: Möchten wir eine Veränderung im Verhalten unseres Hundes bewirken, da jemand aus unserem Umfeld das möchte oder gar aus einer gesellschaftlichen Konvention heraus? Oder folgen wir mit der gewünschten Veränderung einer tiefen, in uns verankerten Überzeugung? Wenn wir uns, wenn auch nur teilweise von einer Erwartungshaltung im

Außen gezwungen fühlen, etwas verändern zu müssen, kann genau da der Knackpunkt liegen. Eine Veränderung wird nur gelingen, wenn wir wirklich aus eigener Überzeugung heraus etwas verändern möchten.

UNBEQUEME FRAGEN

- Stört es dich vielleicht doch gar nicht, dass dein Hund jagen geht, da du den Abenteuerdrang gut nachvollziehen kannst?
- Ärgert es dich nicht wirklich, dass dein Hund andere Spaziergänger oder Hunde anbellt, da du lieber deine Ruhe haben möchtest?
- Schätzt du es, dass dein Hund gerne mal nicht hört, da du in deinem Inneren auch eher ein Freigeist bist?

Nimm dir Zeit, um dich mit diesen Fragen auseinanderzusetzen. Oft bist du so damit beschäftigt, die Erwartungen anderer zu erfüllen, dass du oft selbst gar nicht weißt, was du möchtest. Dann orientierst du dich eben nur an den Bedürfnissen und Anforderungen deines Umfeldes. Vielleicht ist ein Spaziergang mit deinem Hund der richtige Moment für solch eine Frage. Dann sind die Stimmen der anderen leiser. Wenn du tatsächlich etwas in dieser Richtung aufspürst, dann hast du eine mögliche Erklärung, warum das Training mit deinem Hund nicht erfolgreich ist. Ich kann dir nur ans Herz legen, die Bedürfnisse anderer zu erfüllen sein zu lassen. Das wird dir mehr Gelassenheit schenken, als du vielleicht vermutest. Du kämpfst nicht mehr gegen ein Verhalten deines Hundes an, das du innerlich aber durchaus gutheißen kannst. Daher konntest du hier auch nicht gewinnen.

Auch dein Hund wird es zu schätzen wissen. Ihm war dein Widerspruch schon immer bewusst. Verstehe das nun bitte nicht als Aufruf, deinen Hund sich selbst zu überlassen. Sichere deinen Hund ab in den entsprechenden Situationen, aber lass alle halbherzigen Ansätze sein, hinter denen du nicht zu 100 % stehst. Nur mit einem klaren inneren Kompass kann das Training mit dem Hund erfolgreich sein. Auf deinem Weg wird es Schwierigkeiten und Rückschläge geben. Das ist völlig normal. Dieses Durchhalten kannst du nur erreichen, wenn der Antrieb in dir liegt. Wenn dir nicht klar ist, wozu etwas gut ist und wozu etwas dient, dann nimmst du dir nicht die Zeit und auch nicht die Anstrengung dafür in Kauf. Das ist der bedeutsame Unterschied.

Fremde Erwartungen zu erfüllen,
schadet der eigenen Gelassenheit.

SO TUN, ALS OB DU ES KANNST

Dies ist eine wunderbare Übung mit häufig verblüffenden Ergebnissen. „Fake it until you make it" beschreibt den Kern dieser Methode. Auf Deutsch lässt sich das etwa mit „Tu so als ob, bis du es kannst" übersetzen. Die grundlegende Theorie geht auf den Philosophen Hans Vaihinger (1853–1933) zurück. In seinem Werk „Die Philosophie des Als ob" stellt er das Potenzial von Simulationen dar. Dies lässt sich ideal anwenden, um ein bestimmtes Verhalten, eine Kompetenz oder Selbstvertrauen zu erhalten. Wir tun so, als ob wir genau das Gewünschte bereits haben. In der Folge verhalten wir uns anders.

> Warte nicht. Die Zeit wird niemals genau richtig sein.
>
> Napoleon Hill, US-amerikanischer Schriftsteller

Gehe neue Wege

Vaihingers Ansatz ist ideal für die Arbeit mit Hunden. Sobald du nämlich ein anderes Verhalten zeigst, hat das wiederum Auswirkungen auf den Hund, der sich dann dir gegenüber wiederum anders verhält. Du durchbrichst vermeintliche, oft selbstauferlegte Grenzen und Überzeugungen durch diesen ersten Schritt. Dieser ist so bedeutsam, setzt er doch eine völlig neue Entwicklung in Gang.

Oft wartest du darauf, bis sich endlich das „richtige" Gefühl einstellt, um ein anders Verhalten zeigen zu können. Die Wahrheit ist jedoch, dass du dann bis in alle Ewigkeit wartest und nie ins Handeln kommst. Vielleicht kennst du das von dir? Du zögerst, du wartest, du schiebst etwas hinaus, weil es sich „noch nicht richtig" anfühlt. Durch die „Als-ob"-Vorstellung, dass man das Angestrebte bereits habe, begibt man sich in eine Herausforderung. Das baut Hemmungen ab und mit der Zeit geht diese Simulation in die eigene Handlung über.

Du kannst dir auch ein passendes Vorbild aussuchen, in dessen Haut du schlüpfen möchtest. Versuche dich in sie einzufühlen, mit welcher inneren Haltung diese Person deine Herausforderung angehen würde. Auch wenn, und das ist ganz wichtig, der erste Schritt sich für dich zunächst komisch anfühlt. Du musst dadurch deine Komfortzone verlassen und die Angst vor dem Scheitern wird versuchen, dich davon abzuhalten. Wage es, und steige beim nächsten Gassi aus dem Auto mit einem anderen Gefühl, auf das du eigentlich schon ewig gewartet hast.

Stolperstein auf deinem Weg

Beachte, dass du jedoch kein neues Ich gestalten sollst. Es geht lediglich um einzelne Ausprägungen. Dies soll nur den Anreiz zum ersten Veränderungsschritt schaffen, jedoch keine neue Persönlichkeit aus dir machen.

AN/AUS: ENERGIEREGLUNG

In aller Regel gelingt es uns recht leicht, das Energieniveau unseres Hundes zu erhöhen. Oft üben wir uns dann darin, unseren Hund mit Gelassenheit anzustecken. Die eigentliche Kunst besteht jedoch darin, beides zu vereinen und das Energieniveau des Hundes nach oben wie nach unten steuern zu können. Dies ist eine sehr hilfreiche Fähigkeit, um auch in herausfordernden Situationen die Energie deutlich leichter zu regulieren. Damit lassen wir uns nicht von der Energie unseres Hundes mitreißen, sondern wir können je nach Situation Einfluss auf ihn nehmen und ihn aktiv steuern.

DAS ENERGIENIVEAU VERÄNDERN

Übe dich darin, das Energieniveau deines Hundes zu beeinflussen.

- Steigere das Energieniveau deines Hundes: Nutze deinen Körper, deine Stimme, ein Spielzeug. Du kannst ein Futterstück in deiner Hand schnell wegbewegen, sodass der diesem hinterherrennen kann. Du weißt am besten, wie du deinen Hund aktivieren kannst.
- Passe dein Aktivitätsniveau entsprechend an. Habe Freude an der gemeinsamen Aktivität.
- Achte darauf deinen Hund nur so weit zu aktivieren, dass du ihn wieder gut in seiner Energie regulieren kannst.
- Leite nach kurzer Zeit über, Ruhe einkehren zu lassen: Deine Dynamik nimmt ab und deine Körperhaltung wird weich.
- Bleibe trotzdem klar in deiner Kommunikation.
- Nutze hier gerne auch eine Leine, mit der du langsam den Bewegungsradius deines Hundes einschränkst, um ihn dadurch energetisch zu drosseln.
- Unterstütze die Ruhe in euch: Streiche dazu den Körper deines Hundes mit der offenen Handfläche langsam mit langen Zügen aus.
- Starte eine nächste Runde und gib wieder ein höheres Energieniveau vor.
- Genieße die gemeinsame Aktion.

ZIELSTEUERUNG

Deine Fähigkeit in diesem Bereich wächst am besten, indem du die Methode der Zielsetzung einarbeitest. Dabei legst du fest, auf welches Energieniveau du deinen Hund hochschrauben möchtest und bis auf welches Niveau du ihn im Anschluss wieder regulieren möchtest: Beispielsweise legst du im Vorfeld fest, ihn energetisch auf 70 % hochzufahren, um ihn dann wieder auf 10 % zu regulieren. Probiere dich aus, dir solche Vorgaben zu setzen und diese jeweils zu erreichen. Je häufiger du so arbeitest, umso leichter kannst du die Energie deines Hundes regeln.

STIMMLICHE UNTERSTÜTZUNG

Sobald sich die Energie deines Hundes reguliert hat (nicht vorher), kannst du auch stimmlich passend, zum Beispiel ein langgezogenes „ruuuhig" sagen. Wenn du das immer mit der Situation verbindest, wenn die Energie deines Hundes runterfährt, wirst du es später auch als Signal dafür einsetzen können.

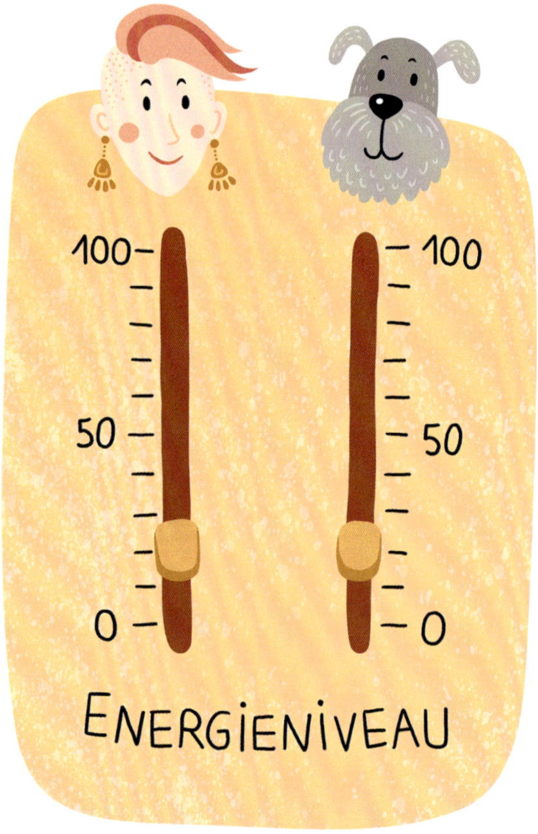

Energieniveaus lassen sich regeln

Steigere erst mit der Zeit die Ablenkung. Du kannst zum Beispiel in der Wohnung oder im Garten beginnen und dann zunehmen draußen an deinen Fähigkeiten arbeiten.
Diese Methode lässt sich auch gut nutzen, wenn dein Hund mal wieder seine „wilden fünf Minuten“ hat. Wenn es möglich ist, dann feuere ihn an und bringe dich energetisch ein. Du dockst dich in diesem Fall an sein Energieniveau an. Wenn du das gemacht hast, kannst du ihn durch Stimme und Körper wieder aus der hohen Energie nach unten begleiten. Mit jedem Mal wird es dir leichter fallen, Einfluss auf die Energie zu nehmen und Gelassenheit herzustellen. Du lernst zunehmend, deinen Hund zu lesen und zu steuern. Euer Zusammenspiel wird immer feiner und harmonischer. Dann wird es dir auch in herausfordernden Situationen leichter gelingen, auf deinen Hund Einfluss zu nehmen.

Grenze dich energetisch ab

Übe nicht nur, das Energieniveau deines Hundes zu verwalten und zu begleiten. Trainiere dich auch darin, dass du innerlich gelassen bleibst, auch wenn dein Hund sich in einer hohen Erregungslage befindet. Das ist eine wertvolle Fähigkeit. Je häufiger du das in von dir eingeleiteten Situationen übst, umso leichter gelingt es dir Alltagssituationen gelassener zu bleiben, wenn dein Hund schnell ein hohes Energieniveau erreicht.

- Steigere das Energieniveau deines Hundes.
- Gehe zunächst energetisch aktiv mit und lasse dich innerlich auf das erhöhte Energieniveau ein.
- Grenze dich in einem von dir festgelegten Moment energetisch ab: In dir kehrt Ruhe ein trotz des erhöhten Aktivitätsniveau deines Hundes. Löse dich von seinem energetischen Zustand.
- Nutze dafür beispielsweise Möglichkeit der Achtsamkeitsübung, der bewussten Atmung oder der Aktivierung deines besonnenen Denkers.
- Auch wenn dein Energieregler nun plötzlich nahe 0 steht, so verliere nicht deine Präsenz.
- Beobachte deinen Hund. Verändert deine energetische Abgrenzung auch an seinem Energieniveau etwas?

Wer Energien verwalten kann, kann auch Gelassenheit ansteuern.

Stolperstein auf deinem Weg

Bei dieser Methode ist viel Feingefühl gefragt. Es kann sein, dass du dich erst langsam herantasten musst, deinen Hund nicht in zu hohe Energie zu versetzen. Gib aber nicht auf, sondern stelle dir dann einfach vor, dass dein Hund im Prinzip wie ein hochmotorisierter Rennwagen funktioniert. Du darfst das Gaspedal nur vorsichtig betätigen. immer feiner und harmonischer.

„BESSER-ALS-ZUVOR"-SCHRITTE

Wenn ich dich bitte, den Idealzustand des Zusammenlebens mit deinem Hund zu beschreiben, so würden wahrscheinlich Wörter wie stressfrei, sorgenfrei, unbeschwert oder problemlos in der Antwort vorkommen. Solche Zielformulierungen sind wichtig. Sie zeigen Stufe 10 von 10 an, sozusagen den Idealzustand. Das macht etwas mit dir. Damit du das selbst spüren kannst, möchte ich dich bitten, das Folgende auszuführen:

- Stelle einen Stift vor dir hochkant auf den Tisch. und halte ihn mit der linken Hand fest.
- Nimm nun die rechte Hand und halte deine Handfläche waagrecht in maximalem Abstand direkt über dem Stift in die Höhe.
- Das zeigt bildlich dein Idealziel. Diese Zielformulierung gibt dir zwar eine genaue Richtung vor, zeitgleich löst sie auch etwas in dir aus: ein Druckgefühl, das häufig gar nicht so klein ausfällt.
- Halte nun deine Handfläche in einem deutlich kürzeren Abstand über den Stift.
- Spüre, wie sich das nun anfühlt.

Du wirst wahrscheinlich eine Entlastung wahrnehmen. Allein dadurch spürst du, wie gelassener du agieren kannst, wenn du deine Ziele niedriger hängst und kleinschrittiger arbeitest. Wir haben zu häufig den Idealzustand oder das Endergebnis als Ziel vor Augen. Das ist fast eine Garantie zum Scheitern. Wer soll mit solch einer Herausforderung im Nacken noch gelassen bleiben können? Natürlich gibt dein Idealziel die Richtung vor, mehr aber auch nicht. Nutze es nicht zum Vergleich mit deinem jetzigen Stand.

PERFEKTE SCHEINWELT

Das Idealziel im Zusammenleben mit dem Hund ist oft deutlich überhöht. Vielleicht hast du die glückliche Familie mit Hund aus der Werbung vor Augen, vielleicht den letzten Familienfilm im Fernsehen. Dort komplettierte ein Hund die glückliche und erfolgreiche Familie, die am Ende jede Herausforderung meistern kann. Vielleicht siehst du auch immer wieder Idealgeschichten in den sozialen Medien. Der Alltag ist geprägt von völlig verzerrten Bildern vom scheinbar konfliktfreien Zusammenleben mit Hunden. Doch Konflikte gehören wie in jeder guten Sozialgemeinschaft dazu. Dass sie auftauchen, ist kein Grund, deine Gelassenheit zu verlieren.

> „
> Der Mensch,
> der Berge versetzte,
> war derselbe,
> der anfing,
> kleine Steine wegzutragen.
>
> Chinesische Weisheit

Warum der ganze Druck?

DER VERGLEICHENDE BLICK

Vielleicht schaust du aber auch vergleichend zum Nachbarn, der einen wundervollen und unkomplizierten Hund hat. Hier sei angemerkt, dass du bei dir selbst über eine Innensicht verfügst, dir aber bei allen anderen nur eine Außensicht zur Verfügung steht. Aufgrund dieser Tatsache ziehst du allein daher bei einem Vergleich in aller Regel den Kürzeren. Dr. Johannes Haushofer sei hier erwähnt, der dies in beeindruckender Weise vor Augen führt. Als er Junior-Professor für Psychologie an der Elite-Universität Princeton wurde, hatte er bereits beeindruckende akademische Erfolge. Er veröffentliche allerdings einen Lebenslauf seines Scheiterns. Er erklärt in der Einleitung, dass das meiste, was er versuchte, misslungen sei. Aber diese Fehlschläge blieben meistens unsichtbar, während nur die Erfolge für andere sichtbar seien.

Aber genau diese wenig hilfreichen Vergleiche, verschärft durch Erwartungen von anderen, sind es, die die Latte deiner Zielsetzung in eine immense Höhe schraubt. Das erzeugt Druck, der deine Handlungsfähigkeit einschränkt. Überlege, ob du vielleicht ungünstige Vorbilder hast oder dich eine idealisierte Vorstellung vom Zusammenleben mit dem Hund unter Zugzwang setzt. Wie kannst du dein erwünschtes Ziel auf ein realistischeres Niveau absenken?

KLEINE TEILSCHRITTE

Es ist empfehlenswert, dein Gesamtziel in kleine Teilschritte zu zerlegen. Du kannst dich viel besser mit diesen erreichbaren Zielen identifizieren. Wir haben hier oftmals Hemmungen, die Schritte wirklich klein zu fassen, und sind aufgrund des vermeintlichen kleinen Fortschritts nicht in der Lage, deren Erreichen wertzuschätzen. Hier hilft dir die einfache „Besser-als“-Regel. Dabei wird dein neues Ziel immer nur etwas über dem zuvor erreichten platziert. Lobe dich und sei stolz auf dich und deinen Hund, sobald etwas besser funktioniert als zuvor. Nicht viel besser, nicht schon perfekt: einfach nur besser als vorher. Zerlege den Weg deiner Zielerreichung in Mikro-Schritte.

Du kannst dich auch auf der Skala von 1–10 einschätzen, wo du aktuell bei einer Herausforderung mit deinem Hund stehst. Hast du eine Zahl gewählt, so frage dich, warum die Zahl nicht niedriger ausgefallen ist. Was hat dazu geführt? Dies ist eine wunderbare Fragestellung, um sichtbar zu machen, was du mit deinem Hund bereits erreicht hast. All diese vermeintlich kleinen Schritte haben einen enormen Einfluss, dich wieder selbstwirksam zu fühlen. Nur dann kann auch das Gefühl der Gelassenheit wieder seinen Raum finden.

WIE EIN GELDSCHEIN

Es gibt eine Metapher, die du dir sofort in den Sinn holen kannst, wenn du dich handlungsunfähig fühlst und in diesem Zug auch deine Gelassenheit zu schwinden droht:
Stelle dir vor, du hast einen Geldschein in der Hand. Welchen Wert hat dieser Schein? Die Antwort scheint klar. Den Wert, der darauf aufgedruckt ist. Falte diesen Schein nun in Gedanken einmal. Welchen Wert hat er nun? Falte ihn nochmals. Wie steht es nun um seinen Wert? Knülle ihn nun gedanklich fest zu einer kleinen Kugel zusammen. Drücke so fest du kannst. Welchen Wert weist er nun auf? Der Wert des Scheins wird sich nicht ändern, egal, welche Kräfte von außen auf ihn einwirken. In dieser Situation scheint uns das sonnenklar. Übertragen wir die Situation auf uns, so sieht das ganz anders aus.

Sei dir deines Wertes stets bewusst

Das Zerknüllen des Scheins steht in unserer Realität für Aussagen, die du immer mal wieder hörst und die dich bewegen. Jeder dieser Sätze setzt dir zu, so wie zuvor auch der Geldschein malträtiert wurde. Doch wäre das nicht schon genug, so machst du es dir noch schwieriger. Du sprichst selbst schlecht über dich oder du meinst sogar zu wissen, was andere über dich denken, während eine andere Person dich mit deinem Hund beobachtet. Du betreibst „Mind Reading“. Du bist überzeugt, dass du weißt, was in den Köpfen der anderen vorgeht und was sie denken. Obwohl sie das oft selbst gar nicht mal wissen. Du baust eine Geschichte auf.

Vielleicht kennst du Paul Watzlawicks wunderbare Kurzgeschichte mit dem Hammer. Es lohnt sich, sie zu lesen. Es ist immens, welche destruktive Macht Gedanken entfalten und dadurch deine Selbstwirksamkeit einschränken können. Rufe dir in solchen Situationen immer wieder das Bild des Geldscheins in den Sinn. Dein Wert und deine Fähigkeiten bleiben gleich, egal, welche Faktoren auf dich einwirken. Du kannst genauso agieren wie zuvor, lass dich nicht einschränken.

”

Die meisten Menschen, die immer daran denken, wie andere über sie denken, wären überrascht, wie wenig die anderen über sie nachdenken.

Bertrand Russell, britischer Philosoph und Mathematiker

Stolperstein auf deinem Weg

Beim Sport lassen sich kleine Teilziele schnell durch entsprechende Messungen sichtbar machen. Bei unserer Arbeit mit dem Hund ist es nicht ganz so einfach. Oftmals nimmt man kleine Verbesserungen nicht wahr, man zweifelt und entsprechend ändert sich die innere Haltung. Das hat wiederum Auswirkung auf den Erfolg. Halte durch. Es geht zunächst nicht um das Erreichen des Ziels, sondern um die kleinen Schritte dorthin. Irgendwann schaust du dann zurück auf den Weg, den du zurückgelegt hast, und staunst, wie weit du durch kleine Schritte doch schon gekommen bist.

EIN NETZ FÄNGT AUF

Die Zuversicht in die eigenen Fähigkeiten wächst, wenn wir sie teilen. Sie verkümmert jedoch in ungünstiger Umgebung auch schnell. Wenn wir uns fest vorgenommen haben, im Umgang mit unserem Hund etwas zu ändern, so werden wir wahrscheinlich unserem Umfeld davon erzählen. Es kann sein, dass wir dann keine Unterstützung, sondern eher Unverständnis oder Zweifel ernten. Wenn wir für Veränderungen bereit sind, aber unser Umfeld nicht, so kann das unseren ersten Schritt bereits im Keim ersticken. Diese Negativdenker beeinflussen unsere Gedanken. Wir dürfen unseren Kopf davon nicht fluten lassen, sondern müssen Menschen finden, die uns mit hilfreichen Gedanken inspirieren können.

Die amerikanische Gesundheitspsychologin Kelly McGonigal verweist in einem Vortrag darauf, dass bei Stress nicht nur Adrenalin, Cortisol, sondern auch das Hormon Oxytozin ausgeschüttet wird. Es ist auch als Kuschelhormon bekannt. Kleine Kinder zeigen es uns. Sie suchen bei Stress und Sorge den Arm und die Nähe der Bezugsperson auf. Mit zunehmendem Alter legen wir dieses Verhalten jedoch ab. Das Oxytocin dient aber dazu, in herausfordernden Situationen mit anderen in Kontakt zu treten, Hilfe zu suchen und mit anderen zu reden. Manchmal fehlt dann nur ein kleines bisschen Mut, das dann auch tatsächlich zu machen.

Soziale Unterstützung macht Herausforderungen leichter.

Vernetze dich mit anderen

Vielleicht kennst du das: Oftmals möchte man mit Personen, die die Problematiken mit Hund nicht kennen, nicht darüber reden. Du fühlst dich dann vielleicht recht allein mit den Themen, die du mit deinem Hund hast. Ich empfehle dir Gleichgesinnte zu suchen. In vielen Gegenden gibt es Gassi-Gruppen, die sich verabreden. Achte allerdings darauf, dass die Hunde nicht dauerhaft wild agieren. Viel Energie im Miteinander ist kein Zeichen für gute Gespräche unter den Hunden, es hat auch meist nichts mit Spiel zu tun. Im Gegenteil, die Hunde sind oft massiv gestresst.

Viele Hundeschulen bieten beispielsweise sogenannte Social Walks an. In Gruppen begleitet vom Hundetrainer wird hier gemeinsam ein Spaziergang unternommen. Du findest hier oft Personen, die auch ihre ganz eigenen Themen mit ihrem Hund haben, und lernst andere Hundehalter kennen, mit denen du dich zum gemeinsamen Trainieren verabreden kannst. Nicht selten haben sich aus solchen Gruppen heraus lange Freundschaften entwickelt. Der Austausch und das Verständnis füreinander können eine immense Unterstützung sein. Aber allein darüber zu reden, schafft emotionale Entlastung und hilft Gefühle und Gedanken in Worte zu fassen. Dies fällt leichter, wenn das Gegenüber die besonderen Probleme im Zusammenleben mit dem Hund verstehen kann. Du bist nicht allein auf deinem Weg zu mehr Gelassenheit mit deinem Hund.

Zum ABSCHLUSS

BEISPIELHAFTE WEGE

Für bestimmte Herausforderungen sind hier mögliche Wege zu mehr Gelassenheit zusammengestellt. Diese können als Impulse für eigene Zusammenstellungen dienen.

SITUATION: EINE HERAUSFORDERUNG MIT DEM HUND GELINGT NICHT

Das kann ich nutzen	Wo ist das erklärt?	Welche Wirkung hat das?
Akzeptanz des Geschehenen	„Akzeptieren: A-ha!" Seite 23	Löst den inneren Widerstand; Nutzung der eingesparten Energie für sinnvolle Lösungsansätze
Mentale Emotionsregulation	„Den Denker aktivieren Stufe I" Seite 48	Kein Agieren aus der Verärgerung heraus; überlegtes Handeln wird möglich
Mit Selbstachtung die Situation verarbeiten	„Wieder versagt …" Seite 112	Stärkung der eigenen Handlungsfähigkeit; Grundstein für erfolgreiches Handeln in zukünftigen Situationen

Wenn möglich, die misslungene Situation nochmals herstellen:

Visualisierung	„So soll es sein: Visualisierungen" Seite 82	Handlungssicherheit durch einen klaren Plan
Stärkung der Zuversicht	„Das kleine Glitzern wiederfinden" Seite 101	Bewusstsein für Erfolge und positive Erlebnisse stärkt den Glauben in die eigenen Fähigkeiten

SITUATION: UNANGENEHME BEGEGNUNG MIT FREMDEN

Das kann ich machen	Wo ist das erklärt?	Welche Wirkung hat das?
Sich vor Äußerungen schützen	„Äußerungen von Fremden“ Seite 63	Keine emotionale Bewegtheit
Fokussierung nach innen	„Achtsamkeit nach innen“ Seite 42	Kein Signal für Gesprächsbereitschaft; souveränes Agieren
Meine Einflussmöglichkeit klären	„Die drei Sphären – meide eine“ Seite 122	Vorbeugung eines Scheiterns; Erkennen der tatsächlichen Einflussmöglichkeit

SITUATION: AUFREGUNG/SORGE VOR KOMMENDEN HERAUSFORDERUNGEN

Das kann ich machen	Wo ist das erklärt?	Welche Wirkung hat das?
Gedanken frühzeitig wahrnehmen	„Von Brücken auf dem weiten Feld“ Seite 21	Stressgedanken im Vorfeld die Macht nehmen
Gedanken analysieren	„Gedanken mit Fehlfunktion“ Seite 29	Veränderung der wenig hilfreichen Gedanken
Auf die Atmung achten	„Altbewährt: die Atmung“ Seite 53	Entspannung und mehr Ruhe in Körper und Geist
Zuversichtliche Gedanken finden	„Zuversichtlich denken“ Seite 106	Veränderung der inneren Haltung als Grundlage für erfolgreiches Agieren
Stärkung der eigenen Handlungsfähigkeit	„So tun, als ob du es kannst“ Seite 126	Versetzt in die Lage, kommende Herausforderungen souveräner zu meistern

ZUM WEITERLESEN

Actun, Karin: **Dein Hund braucht dich!** Durch souveräne Führung zum entspannten Hund. Verlag Eugen Ulmer, Stuttgart 2016

Actun, Karin: **Hunden Orientierung geben.** Wie eine entspannte Mensch-Hund-Beziehung gelingt. Verlag Eugen Ulmer, Stuttgart 2018

Bernjus, Annette; Cavelius, Anna: **Waldbaden.** Mit der heilenden Kraft der Natur sich selbst neu entdecken. Mvg Verlag, München 2021

Grüber, Isa: **Resilienz.** Dein Körper zeigt dir den Weg. Irisiana Verlag, München 2023

Li, Qing: **Die wertvolle Medizin des Waldes.** Wie die Natur Körper und Geist stärkt. Rowohlt Verlag, Reinbek bei Hamburg 2018

Riepe, Thomas: **Einfach Hund sein dürfen.** Das Hundeleben natürlich gestalten. Verlag Eugen Ulmer, Stuttgart 2016

Riepe, Thomas: **Alles schon probiert.** Hunde weniger trainieren und mehr akzeptieren. Verlag Eugen Ulmer, Stuttgart 2018

Tomasini, Mirko: **Hunden richtig zuhören.** Über das wahre Wesen unserer Vierbeiner und wie wir lernen können, sie endlich zu verstehen. Verlag Eugen Ulmer, Stuttgart 2021

ÜBER DIE AUTORIN

Tanja Behrendt beschäftigt sich neben ihrer Arbeit als Lehrerin seit über 20 Jahren mit Hunden. Inzwischen ist sie auch Hundetrainerin, Kursleiterin für Waldbaden, Fachkraft für Stressmanagement und um viele Fortbildungen im Bereich der Resilienz reicher. Ihr ist es ein Herzensanliegen, Menschen auf dem Weg zu mehr Gelassenheit mit ihrem Hund zu unterstützen. Tanja Behrendt lebt mit ihrer Familie und Hund bei Karlsruhe.

DANK DER AUTORIN

Mein Dank gilt dem Verlag Eugen Ulmer, der ermöglicht hat, dass du dieses Buch in Händen hältst.

Ich danke vor allem der Projektverantwortlichen, Kathrin Gutmann, die sich sofort für meine Idee begeistert hat und mich von Anfang an bei diesem Projekt unterstützt und begleitet hat.

Mein Dank gilt auch der Illustratorin Greta Brumme. Ich staune immer noch, wie sie meinen Ideen und Anregungen Leben eingehaucht und diese in wunderbare Illustrationen verwandelt hat.

Ein großer Dank geht zudem an meine Lektorin Alessandra Kreibaum, die jederzeit für mich erreichbar war und mir so wertvolle Impulse für die Struktur des Buches gegeben hat.

Danke auch an die Herstellerin Stephanie Haun, die alle Elemente zu einem wunderbaren Gesamtergebnis zusammengeführt hat.

Von Herzen danke ich meinen Eltern und Freunden für die Unterstützung bei der Entstehung – vor allem meinem Lebensgefährten fürs unermüdliche Korrekturlesen.

Und last but not least: Danke an meine Hündin Little Lou, die mich unter dem Schreibtisch beim gesamten Entstehungsprozess begleitet hat.

ÜBER DIE ILLUSTRATORIN

Greta Brumme lebt und arbeitet als selbstständige Illustratorin in Esslingen. Sie zeichnet für Agenturen, Verlage und Autoren – gerne Motive mit einer großen Portion Humor oben drauf und einer kleinen Geschichte dahinter. Tiere sind dabei ein wiederkehrendes Lieblingsmotiv. Für dieses Buch hat sie den „Hundeblick“ aufgesetzt und Tanja Behrendts Szenen mit viel Freude bebildert.

BIIDNACHWEIS

Kris Wiktor/Shutterstock.com: S. 118; mauritius images: S. 18, 68, 96, 136, 143; Melinda Nagy/Shutterstock.com: S. 140; Oksana Shufrych/Shutterstock.com: S. 44; Tierfotoagentur.de/M. Meschkat: S. 6

Sämtliche Illustrationen im und auf dem Buch stammen von Greta Brumme, Esslingen (www.gretabrumme.jimdo.com).

IMPRESSUM

Die in diesem Buch enthaltenen Empfehlungen und Angaben sind von der Autorin mit größter Sorgfalt zusammengestellt und geprüft worden. Eine Garantie für die Richtigkeit der Angaben kann aber nicht gegeben werden. Autorin und Verlag übernehmen keine Haftung für Schäden und Unfälle. Bitte setzen Sie bei der Anwendung der in diesem Buch enthaltenen Empfehlungen Ihr persönliches Urteilsvermögen ein.
Der Verlag Eugen Ulmer ist nicht verantwortlich für die Inhalte der im Buch genannten Websites.

Anmerkung zur Schreibweise (Gendering): Gendergerechtigkeit und Inklusion sind bei uns gelebte Praxis – bei der Auswahl unserer Themen, bei der Recherchearbeit, in der Gestaltung. Unsere Texte meinen alle. Damit unsere Inhalte jedoch gut lesbar bleiben, verzichten wir in diesem Werk auf die jeweilige Mehrfachnennung oder Anpassung der Schreibweise bestimmter Bezeichnungen an die weibliche, männliche oder diverse Form.

Bibliografische Information der Deutschen Nationalbibliothek
Die Deutsche Nationalbibliothek verzeichnet diese Publikation in der Deutschen Nationalbibliografie; detaillierte bibliografische Daten sind im Internet über http://dnb.d-nb.de abrufbar.

Wollgrasweg 41, 70599 Stuttgart (Hohenheim)
E-Mail: info@ulmer.de
Internet: www.ulmer.de
Projektleitung: Kathrin Gutmann
Lektorat: Alessandra Kreibaum
Herstellung: Stephanie Haun
Umschlaggestaltung: Verlag Eugen Ulmer
Satz: r&p digitale medien, Echterdingen
Reproduktion: time:ray, Jettingen
Druck und Bindung: Westermann Druck, Zwickau
Printed in Germany

ISBN 978-3-8186-2399-9

MIX
Papier | Fördert gute Waldnutzung
FSC® C110508